独角狮

让 传 统 更 有 趣

遗落在西方的
广州记忆
[美]李国庆 主编

洋人粤食记

[美]李国庆
[加]甘露 编译

岭南古籍出版社
·广州·

图书在版编目（CIP）数据

洋人粤食记 /（美）李国庆，（加）甘露编译. — 广州：岭南古籍出版社，2025. 7. —（《遗落在西方的广州记忆》丛书 / 李国庆主编）. — ISBN 978-7-80775-068-0

Ⅰ. TS971.202.651

中国国家版本馆 CIP 数据核字第 2025R46M62 号

YANGREN YUE SHI JI
洋人粤食记

［美］李国庆　　［加］甘　露　编译

出 版 人：	肖风华
责任编辑：	张榆琳　赵　璐
装帧设计：	书窗设计
责任技编：	周星奎
出版发行：	岭南古籍出版社
地　　址：	广州市越秀区恤孤院路 12 号
	（邮政编码：510080）
电　　话：	（020）87776449（总编室）
	（020）87774479（售书热线）
印　　刷：	广东鹏腾宇文化创新有限公司
开　　本：	889 mm × 1194 mm　1/32
印　　张：	3.75　　插页：12　　字　数：80 千
版　　次：	2025 年 7 月第 1 版
印　　次：	2025 年 7 月第 1 次印刷
定　　价：	46.00 元

版权所有　翻印必究

如发现印装质量问题，影响阅读，请与出版社（020-87778643）联系调换。

《遗落在西方的广州记忆》丛书序

多年前初到美国时,发现大都市多有Chinatown,通称"唐人街"。其地生活的华人多是粤人,讲的华语也多是粤语。如问路,多摇头,偶尔愤愤地回你一句:"唐人唔识讲唐话!"仿佛中国人就是粤人,中国话就是粤语。不过事实上早先美国大学的东亚语言文学系也多有教粤语的,敝校则如今还在教,尽管修的人少了。而在有汉语拼音之前,西方数百年来所有词典、百科全书、历史教科书里都有的Cantonese固然是广东人或广东话,Canton指的却是广州。可以说,以广州代表广东以至代表中国,在西方曾经是很普遍的现象。

这种现象其来有自。

秦末西汉时,南越王国的海外贸易奠定了番禺作为南海沿岸的贸易中心与交通枢纽地位。至唐代,广府已闻名世界。清初中西贸易发达,曾在各处设海关,但最终集中到广东。1757年,清廷将对欧贸易限于广州,是为"一口通商"。也就是说,在鸦片战争迫使中国开放五口通商前的近百年间,广州是除澳门外西方人唯一可进入和从事贸易的中国口岸,承担着外交、外贸等管理职责。所以说广州代表中国也顺理成章。

广州历史上接待过无数的西方人,其中有画家、商人、学者、传教士、外交官,也有来自底层的船员、工人等。他们在广州少则数月,多则数年,很多人甚至较深地融入了中国式的生活。他们以好奇的眼光欣赏广州,以独特的视角记载广州的风光、地理、人文等。虽然由于文化背景的不同和中国传统的博大,这些记载也难免有变形、疏漏的一面。他们实际上塑造和建构的是一个他们眼中的广州,映射到了西方读者的头脑中,逐渐构成了当时西方世界的中国形象。

近代中国天翻地覆,当年广州的山川风物和社会百态多已烟消云散,却被凝固在这些西方人的著述当中了,就像琥珀中的昆虫,历尽岁月,依然栩栩如生。现在的我们可以借此大致清晰直观地看清近代广州甚至中国在西方人眼中的形象。它们不但是研究中外关系和文化互动、中国近代社会生活史的重要资料,即便是一般百姓,也可据以追怀老广州的街坊店铺、寺庙宫观、五行八作、花艇蛋家,甚至琶洲砥柱、大通烟雨。

本丛书计划收录的就是这样一些西文旧籍的中译本。

自改革开放后,中国爆发了又一次"西学东渐"热潮,域外汉学和中国学的经典作品被有系统、成体系地引进,对中国思想解放、学术研究等方面产生了巨大的影响,但在游记方面尚欠力度,成系列的也不多见。

我们希望,通过这些遗落在西方的广州记忆,我们可以重温历史上作为中国对外交往门户的广州之风采,发扬其中的和平、对话、交流、发展等人类共同智慧和人文精神,摒弃曾经的愚昧、自大、保守、落后等鄙陋,在新的时代为推动中国走向世界和世界走向中国作出新的贡献。

李国庆

编译说明

这本小集子收录的是100多年前在广东的外国人对当地饮食和宴会的记录。这些文字如吉光片羽一般留存在当时旅华西人的专著、文集、书信、日记里。因其分散、零碎，加之都是对生活日常的记述，读者通常如浮光掠影般一览而过，并不多加留意。这本小书所要尝试的，就是把这些有趣的点滴挖掘整理出来，再将它们串珠成线，呈现给读者。

本书有两个焦点：一个是广州，也旁及同在岭南文化圈的香港；一个是饮食。

为什么是广州？

20世纪初以前的广州是非常特殊的存在。自1757年至1842年签订《南京条约》之前，清政府一方面还想维持闭关锁国的政策，另一方面已渐渐难以招架经大航海和工业革命洗礼的欧美国家的通商需求。两相权衡的结果是,清廷最先开放广州城作为唯一容许和外国人通商往来的中国口岸。即便在第二次鸦片战争后,更多的中国沿海和内陆城市在西方的强力胁迫下陆续开埠,广州作为最早、最重要的中西"接触地带"(contact zone),其口岸地位和开放程度都是其他城市难以企及的。在此大背景之下,大量外国商人、官员和传教士等因应各种机缘来到这里,并旅居于此。

在那个认知仍然被物理距离阻隔的时代,一开始,他们也许抱着在欧洲就已经形成的对东方或好或坏、或浪漫或严苛的想象,但当真正来到广州城时,发现的却是一个超乎他们预想的世界。这里有他们几乎完全不理解的风土人情,而本地人也毫不客气地以"番鬼"等绰号来调侃这些性情举止都大不相同的外来者。那一波"全球化"浪潮就这样把这些互不了解的人群聚集在一城之内,让他们在广州相遇了。除了这个城市,在那个时代也很难再找到其他吸纳了那么多外国人的地方了。历史选择了广州,因而我们也选择了广州。

时空确定了,主角也登场了,下一个问题是:怎么观察这场相遇呢?饮食是一个很好的切入点。一日三餐是生存的刚需,建构起了作为生物存在的人类。在物

质层次之外,饮食还有非常丰富的社会、文化、历史外延:食物在不同的时空环境、不同的社会文化和历史脉络中,被建构着,并被赋予了丰富的意涵。吃什么?怎么烹饪?食材如何搭配?餐桌上用什么器物?还有各种围绕饮食的礼仪和规矩……考察这些,就是透过饮食文化这块棱镜,看到饮食背后牵连的观念和意义系统,并由此呈现处于某个特定时空环境中的人。

那个时候,他们用好奇甚至猎奇的眼光打量对方的餐桌内容和文化:欧洲人用盘子和刀叉,中国人用筷子;欧洲人喝咖啡,中国人喝茶;欧洲人吃惊于中国人居然"万物皆可食",中国人也不理解欧洲人何以迷恋闻起来臭烘烘的奶酪。两边的明显差别不胜枚举,相互的对望和凝视亦充满了诧异。双方也都试图调用自己对食物的旧经验来了解眼前的新现象,其中迎合与拒绝的心态斑驳参差,因人而异。

时间过去100多年,看到这些异国旅客充满故事性和新鲜感的文字,仍觉十分有趣。然而,只有把知识回归到历史中,才能更深入、辩证地理解这些书写。编译者试着分享一些感想,供读者参考。

首先,这些文本几乎都用了"我者–他者"作为底层分类结构。以此为基础，再用比较的方法，力图调用自己既有的文化经验和知识去结构化，即所谓"消化"在广州的新经验。由此，我们看到了甚是热闹的描写：每个作者所记录的广州的种种情态，以及对于他们而言的他者——"中国人"的饮食生活所做的直观化、速写式的描述。这样的观察难以避免粗略和肤浅。简而言之，他们谈论的中国菜主要是粤菜，即当时的广府菜，流行于珠江三角洲地区。粤菜的材料丰富多样，做法复杂讲究。清朝广府名人屈大均著有介绍家乡人文地理的《广东新语》，其中说道："计天下所有食货，东粤几尽有之，东粤之所有食货，天下未必尽有之也。"粤菜的烹调方法，既有其他地方常用的煎、炒、炸、蒸、炖、焗、烩，还有熬、煲、扣、扒、焙、焖、浸、灼、滚、烧、卤、氽、泡等。即便是相同的方法，又因用料、刀工、口味、菜式的不同而有分别，如"煎"便有干煎、湿煎、蛋煎、软煎、煎封、煎酿、半煎炸等煎法。这些是作为匆匆过客，又大多有语言隔阂的西方人所难以了解的。

更重要的是，这种大框架、族群化的分类结构限制了记录者的视角，以致他们无视，至少是不愿理解本地饮食所扎根的生活观念和文化根基。在当时中西力量日

益失衡的情况下,这样的记录或多或少隐含着记录者微妙的心理优势。

但是,我们也不必苛求这些记录者,毕竟那个时代西方看待中国,很难能脱离东方主义的窠臼。尽管这些记述包含了很多偏见、误读甚至误解,但唯其如此,相互的了解才有了开始和深入的可能。"看见",既有"看",也有"见",不是一蹴而就、一步到位的理解和融入,而是逐渐实现,所以无须操之过急。一个多世纪过去了,这个"看见"的过程还在继续。今天再读这些文章,我们应该报以理解,也更应该意识到讲好中国故事的重要性。这本小书所摘译的都是英文文献,所见有限,不过希望通过这块小小的棱镜,我们不仅看见对方,也看见我们自己。

此书部分内容采用了邓赛参与翻译的文字,在此致谢。

书中配图取自外销画、老照片等,以期帮助读者理解百年前广州乃至中国之饮食与社会风俗。编辑为本书增加了目录与附录,对文字加工润色,贡献良多,在此一并致谢。

甘露　李国庆

目 录

001 / 美国记者威廉·伍德：
    1830年广州饮食素描
    003 / 行商宴会：菜式不下150样
    005 / 海幢寺素宴

007 / 英国医生杜哥德·唐宁：
    中西饮食文化差异之见
    009 / 中国式好客和宴会
    012 / "满大人"的商馆西餐体验
    017 / 附：广州文人看西餐

020 / 法国医生米谢尔·伊凡：
    广州民间饮食观察
    023 / 蛋民饮食：豆腐配饭
    027 / "满大人"宴：鼠肉和甜点

030 / 英国商人沃尔特·芒迪：
    花船夜宴的喝酒考验
    032 / 花船夜宴：美人、美酒与美食

042 / 英国牧师约翰·格雷：
琳琅满目的广州食铺
　　044 / 朝圣门的焕香猫狗肉铺
　　047 / 浆栏街的泰隆燕窝铺

050 / 英国妇人格雷夫人：
沙面中餐馆和富商家的宴席
　　053 / 沙面中餐馆的菜单
　　061 / 富商浩官家做客：西式晚餐
　　066 / 浩官家的中式宴：开席30多道汤

074 / 爱尔兰作家哈代：
广东人不吃的那就真不能吃
　　076 / 神奇的小贩、路边摊和店铺
　　086 / 中国人的待客之道

092 / 附录一：西餐在香港

107 / 附录二：画中粤食记

美国记者威廉·伍德：
1830年广州饮食素描

威廉·怀特曼·伍德（William Wightman Wood，1804—？）是美国费城人。1825年，21岁的他从费城出发，到达广州。1827年，伍德与苏格兰商人詹姆士·马地臣（James Matheson）及其侄儿共同创办《广州纪事报》（*The Canton Register*），这是最早在中国创办的英文报刊之一。伍德担任编辑多年，因批评东印度公司的审查制度和清政府操纵广东商业系统的专制、腐败，被迫在第六期报纸发行后辞职回美。1831年他重返广州，为美国商业公司旗昌洋行（Russell & Co.）服务。1831年7月，伍德创办杂志《中国差报与广州钞报》（*The Chinese*

Courier and Canton Gazette），但因竞争激烈，于1833年停刊。19世纪30年代中期，伍德离开广州，定居菲律宾马尼拉，并首次将照相技术带到那里。

他留下的《中国素描》（*Sketches of China: with Illustrations from Original Drawings*，1830）[①] 一书，虽名称中国，实际上仅限于广州。因为当时广州是唯一被允许与西洋人通商的口岸城市，西洋人很难涉足其他地方，正如他在该书《自序》中所坦言的："我要尽量清楚地解释和描述居住在广州的中国人的特别的风俗习惯，避免重复广州邻近省份的各种传闻——我是没有去过那些省份的。"即便在广州，外国人也被限制活动范围，不得随意行走和与中国人交往，因此伍德的见闻也就有限，谓之"素描"，也算有自知之明。

以下摘自该书的文字反映了近200年前洋人有关广州饮食文化的见识，虽然简略，但属较早的西方人关于广州饮食的记述，十分难得。

---

① 该书中译本《洋记者的广州城记》由广东人民出版社于2022年出版。——编译者注

行商宴会：菜式不下150样

中国人的餐桌真是让人大开眼界，菜式丰富多样，数不胜数。多样的菜肴加上菜里各种独特的原料，真是让人觉得新鲜有趣。食物盛在碗里或深碟里，主要是炖煮的。所有的食材都被切成小块，这样就无需用刀来分割了。

中国人用筷子代替刀叉。他们用起筷子来特别灵巧娴熟。对于一个外国人来说，要用两根光滑的象牙筷或木筷来代替刀叉，这困难一开始是无法克服的。客人们试图用筷子夹住那些难夹的中国菜，却实在是夹不住，这也让中国人看笑话了。他们可以轻松地夹起哪怕是最小的米粒，但当他们不得不用筷子以外的其他餐具把食物送到嘴边时，也和我们一样不知所措。在广州行商举办的宴会上，菜式通常超过150样，还不包括甜点。甜点也极其丰盛，还雅致地装饰着花朵。在上不同菜品的间隙，他们还把香巾浸在热水里，作为餐巾呈给客人。他们用令人称奇的瓷器

或银器饮酒，有时也用讲究的金器，上面的雕绘巧妙而精致。

有些菜肴让外国人极为吃惊，只好非常不客气地拒绝，比如一份炖得可口的狗肉，或一碗鱼翅汤。燕窝是很贵的主菜，炖在鸡汤里，配以煮熟的鸽子蛋，吃起来一点味道都没有。但燕窝富含胶质，很有营养。

在下层人中，老鼠也被当成一种食物。在卖干果、家禽及类似食物的店铺，几乎总能看到被剖开的老鼠，在太阳底下晒着。当地人经常吃用硝石腌制的蛋，还有臭气熏天的鱼和其他各种古怪的食物。对外国人来说，吃这些食物是做不到的。海参是一种海里的动物，在马鲁古群岛和其他地方被大量捕捞运来中国。中国人把它炖在汤里，就像炖燕窝、鹿筋和鱼翅一样。

中国人的主食是米饭，量很大。在南方，人们用极便宜的大米代替面包，吃饭时不过加了几种像鱼和蔬菜一样不足为道的菜。

海幢寺素宴

在我回国前,受海幢寺高僧邀请,我随一队人去寺院用早斋。我们穿着非常奇特的衣服,享用了一顿素菜盛宴。

每道菜里都放了油,但许多菜因油放得不够,味道不怎么样。那些油放得还好的,又因盐放得太少而平淡无味。僧人们上了中式茶,盛在带盖的盏里,茶里不放牛奶或糖。最后上的是各式干果,有的非常可口。享用完干果之后,我平生参加过的最冷清的宴会就这样结束了。宴会简单,加之早晨天冷,还有冰凉的地砖,都使它变得沉闷而不舒适。我看到了好几种奇怪的食物,比如干卷心菜和干蘑菇,还有几种味道古怪的根,闻起来气味很大,不讨人喜欢。回到家后,我们在自家享用了一些更实在的可口食物。这时,寺里送来了冬季鲜花和蜜饯等礼物,我们也适当地回报,以致谢意。

中国人聚餐　黎芳① 摄

① 黎芳（1839—1890）是一位中国摄影师，其创立的"华芳映相楼"位于香港皇后大道，是香港早期的照相馆之一。黎芳被誉为19世纪最重要的中国摄影师之一。——编译者注

英国医生杜哥德·唐宁：
中西饮食文化差异之见

  英国人查尔斯·杜哥德·唐宁（Charles Toogood Downing，生卒年不详），名不见经传，仅知他是英国皇家外科学院（Royal College of Surgeons）成员，曾作为商船的驻船医务官于1836年来华，在广州逗留了6个月，写了一本书，名为《番鬼在中国》（*The Stranger in China; or, The Fan-qui's Visit to the Celestial Empire in 1836-7*，1838），记述他在广州的亲身经历。

  和大多数五口通商之前来华的外国人一样，唐宁的活动范围仅限于广州、香港和澳门，所谓中国生活和见闻，其实只是广东一隅的生活和见闻。也

如他在该书《自序》中所言:"本书意在简单通俗地描述这些所谓的番鬼同大汉子民之间当前的交往,带领读者从虎门到广州,以前所未有的详细而周到的方式向他们展示一切,包括两者交往的障碍、各自的生活方式、目前的交易方式,以及结成一个更友好的贸易伙伴的前景。"不过他有一般外国人所没有的便利,"作为一个医生,他可以进入医院,还常常能深入当地人生活的最隐秘之处",因此他的记述较前人更为丰富和细致。此书在英国出版后大受欢迎,并且不久就传到中国。中国基督教(新教)历史上第一位传教士梁发的儿子梁进德从小受洗,接受英文教育。林则徐在广州禁烟时,梁进德正是他麾下的翻译。1841年11月,梁进德在写给马礼逊遗孀的信中,提到在过去两年中自己为林则徐翻译了《广州周报》(Canton Press)、《番鬼在中国》,以及《四洲志》。当时该书为林则徐提供了许多外国人如何看待中国的信息。时至今日,中外学者对唐宁的书也多有引用。

以下有关广州饮食文化的文字出自该书第三卷第五章。

中国式好客和宴会

下面是一位当地人不久前送给一位外国人的请帖,邀请对方参加他的婚宴:

某某先生台鉴:

愚弟将于本月初八成婚,定于初七洗盏备宴,初十设宴恭候。是日敢请兄长枉驾寒舍,共叙欢情,兼聆教诲,以整筵席之规。

特此恭请兄长尊驾光临。如蒙大驾光临,不胜荣幸!

晚生 何畇(Ho-Kow)顿首拜呈

道光十六年七月初一日

这份请帖表现出中国人的客气、谦卑和礼貌,它完全可以与我听闻过的欧洲宫廷的任何信函相媲美,可能也同样真诚。行商的晚宴也不只是客套,而是实实在在的盛宴。

客人们被带到宴会厅，成双成对坐在摆满了食物的小桌子旁。桌子布置精巧，如此摆设是为了使每个人都能看清厅尾搭建的戏台。主人从座椅上起身向客人们行完敬酒礼后，盖在菜肴上的布被揭开。外国人开始品尝桌上热气腾腾的美味佳肴。侍者会呈上当地的筷子——两根象牙镶银的圆箸，让客人们用餐。但是，外国人很少能用它们夹住漂浮在美味的汤和肉汁中的珍馐。每一次尝试失败，都会引起满堂欢笑。尊贵的主人通常会加入到这欢笑中来，尽管他不明白到底在笑什么。客人们端详着一道道送到他们面前的菜肴以满足自己的好奇心，席间还畅饮了不停被斟满的温酒。最后，他们同时起身向主人敬酒，一顿中式晚宴就此结束。

如果整场宴席就这样结束了，客人们难免半饥半饱、心情不爽。偏见使大多数人不敢去品尝放在他们面前的奇珍异味，即使那些有胆量尝试的人，也吃得非常谨慎，唯恐发现自己正在吞咽一条蚯蚓，或夹起一根细小的猫骨头。主人深明此理，因此在另外一间房里，按欧洲人的习惯准备了一顿丰盛的晚餐。当客人们毫无顾忌地吃完那一顿大餐后，便在融洽的气氛中作别，主客双方都会不停地互致善意。

一位中国官员宅邸的晚宴 ［英］托马斯·阿罗姆 绘

"满大人"的商馆西餐体验

新的粤海关监督上任那天，我刚好在广州，有幸目睹这位大人来到郊区。据我所知，这是他唯一与外国人见面的场合，在其他时间，他都在城墙内闭门不出。他此次屈尊拜访番鬼，无疑是为了对他将要管理的人民有所了解。然而，当我向一位当地人询问原因时，他告诉我，大人不久后将觐见皇上，届时皇上可能会问起番鬼都是些什么人，如果他回答说没有见过他们，那一定会显得很愚蠢。因此，他这次才来拜访番鬼，为了能比那些从未见过番鬼的前任们更好地描述他们。

在粤海关监督拜访番鬼的前一些时日，官府会告知常驻这里的外商，好让他们为更好地接待这位"满大人"做好准备。

正式拜访的那天早上，粤海关监督的队伍迅速地穿过郊区的主街道。粤海关监督坐在他的官轿里，由许多苦力抬着，行商们也坐轿随行，前面按例还有一些官员开道。他们在英国商馆的主厅里受到接待。双方举行完初步的仪式后，粤海关监督被邀与番鬼们共进为这一场合而特别准备的早餐。

许多外国人早早聚集在商馆外，迫不及待地想一睹这位高官的风采。当大家被允许进入商馆时，和其他人一样，我的好奇心得到了满足。在主入口处，走道里停满了轿子，苦力们或在周围闲逛，或躺在地上休息。再往前走，商馆底层的大礼堂里，行商们坐在靠墙的一排扶手椅上。他们神情庄重，面容严肃，个个身材魁梧，有一股中国男子气概。他们身着最亮丽的丝绸服饰，上面装饰有精致繁复的刺绣。

匆匆瞥了一眼那些沉默寡言的守卫们，我们走上台阶，穿过一条长廊，长廊里有不少闲逛的仆人。我们踏入大礼堂，与其他外国人一起站好。

宽敞的大礼堂中央摆着一张桌子，桌上铺着雪白的桌布，摆满了时下最美味的菜肴。除了丰富的食物外，还有丰盛的奶冻、果冻和水果。头等英式早餐应该有的，这里也一应俱全。

在桌子的一头，摆放着一把精致的座椅，颇似龙椅，上面端坐着粤海关监督。他的身边簇拥着众多随从，恭恭敬敬地等着他发号施令。他是一位约60岁的老人，面容俊朗。他的上唇留着几根白须，下巴上还挂着一抹胡须。他头戴一顶雅致的官帽，稍微转头，便可看见帽顶饰有孔雀翎。这个尊贵的标志为皇上所赐，以示对他的恩宠。此外，帽顶上的红宝石球，象征着他在这个国家的尊贵地位。

在这个庄重的日子里，老先生穿上了他最为精美的服饰，更准确地说，他穿上了他的朝服。朝服选用了最上乘的材料，颜色主要为蓝与红，上面刺绣繁复。他的脖子上佩戴着一串大颗的珠子，垂至腰际，胸前则镶嵌着丝质的补子，上面用针线精细地绣出一只鸟的形象。

这位大人带着一队随从，有他的文书、翻译和众多朋友。他们同样衣着光鲜体面，但帽顶的宝石不如粤海关监督帽顶的那样尊贵。一些在旁侍候的当地人则没有戴帽子，身着普通仆人的服饰。

为了确保番鬼们可以清楚地看见粤海关监督，也为了让大人端详一下番鬼们，在桌子一侧稍远处设了一个小小的围栏。围栏后面站着外国人，他们面向着粤海关监督，观察着他友善的表情里的每一个细微变化。

老先生盯着桌上的美味佳肴,由于面前所有的美味都是他的,没人敢落座,他低声吩咐侍从为他取菜。一道道菜肴被端过来,举到他眼前时,他都非常好奇地审视一番,然后无精打采地摇摇头,示意把它拿走。就这样,他看了好长一段时间,直到把桌上的每样东西都看了个遍,也没有找到一样适合他的食物。

当粤海关监督检视桌上的食物时,外国人在一旁看着,感受却截然不同。看到这么多美味的食物,他们的胃口早就被吊起来了,特别是已到了午膳时间。他们中的许多人开始打趣这位老先生缺乏品味,有人称他为老糊涂,说很遗憾自己所处的位置不能为他展示如何享用这些美食。然而,粤海关监督一句也听不懂,只是静静地继续观察着这些带着异国风味的珍馐美味。把桌上的食物全部审视一遍后,他再一次摇了摇头以示不认同,然后要了一杯茶。番鬼们再也不能忍受了,大部分人离开了房间,只留下这位偏执的"满大人"独自饮着他的"国民饮料"。

不管粤海关监督对外国人的盛情款待多么满意,

他对番鬼的看法估计一点都没因他亲历过他们的风俗而改变。毫无疑问，早在此次会面前他就有了定见，他对番鬼的看法与他的同胞们别无二致。

附：广州文人看西餐①

阿朱仁兄：

愚弟久不动笔，疏通音问。

我曾于道光九年五月初十日给你去信，告知了广州番鬼的情况。仰赖天子圣明，龙心仁慈，他们得以在珠江之滨居住，不过限定区域，不得四处游荡。番鬼生性狂暴不羁，混迹于百姓之中，难免生事，不好收拾。

这些蛮夷的习俗如——道来，有如摘引《子不语》那般奇异。但我可以向你担保，那都是千真万确的。你可以评判一下，看它们是否可以在那本专讲鬼怪的书里占有一席之地。

---

① 1885年，美国人威廉·亨特（William C. Hunter, 1812—1891）出版了《旧中国杂记》（*Bits of Old China*，1885，一译《天朝拾遗录》）。威廉·亨特于1825年在马六甲英华书院学习汉语，此后来广州为旗昌洋行服务，在中国生活了40年，是19世纪早期为数不多的"中国通"之一。该书译录了一封广州文人的信，谈及对西餐的评价，可与前文互为补充。原信经亨特译成英文，现摘取部分片段作意译。——编译者注

我曾在某行号与几个番鬼一起饮宴,现把我的所见同你略述一二。你会惊讶他们的烹饪之术有多么原始。他们一坐上餐桌,就先喝一种流质的东西,番话叫作"soo-pe"(soup,汤),接着大嚼鱼肉,那可是生的,几乎跟活鱼一样。然后上桌的是一盘盘烧得半生不熟的肉,都泡在浓汁里,要用一把类似匕首的刀具一片片切下来,放在客人面前。目睹了这一情景,我才相信前人所言非虚:这些番鬼脾气暴躁是因为吃这种粗鄙原始的食物所致。他们的境况何其可悲!他们还假装对我们的食物嗤之以鼻。如果有人连鱼翅都不觉得美味,他的口味是何等低下!那些对鹿腱的滋味毫无兴趣、看不上香肉煲、讥笑鼠肉饼的人,是多么可怜!他们即便吃着精心烹制的象蹄,也不会产生满足的快感;至于可爱的犀牛角那种入口即化的美味,他们就更无动于衷了。

回过来说这些奇妙的人吧。他们啃了一些大块的肉,剩下的都扔给一群跑来跑去的狗。这些狗在人腿边游走,或者躺在桌子底下,还不断地哼叫、打斗。接着又端上来一味吃起来辣嗓子的东西。我旁边的一位用夷语称之为Kā-Lē(curry,咖喱),用来拌米饭吃。对于我来说,只有这米饭是唯一合胃口的东西。然后上来的是一种绿白相间的东西,气味刺鼻。他们告诉我,这是一种酸水牛奶制品,放在阳光下暴晒发酵,直到长满了虫子,颜色越绿则滋味越浓,也更滋补。这个东西夷语叫Che-Sze(cheese,乳酪),就着一种浑浊而带红色的液体吃。那种液体会冒泡,甚至漫出杯子来,弄脏人的衣服,其名为Pe-Urh(beer,啤酒)。你想,这些未开化的人何时才能精通我们的烹饪之术呢?

罗永顿首拜书

法国医生米谢尔·伊凡：
广州民间饮食观察

米谢尔·伊凡（Melchior Yvan，1803—1873）出生于法国阿尔卑斯省迪涅市，职业是医生，1844—1846年跟随法国公使拉萼尼（Théodose de Lagrené）来华。医生的身份决定了伊凡不可能全程参与条约谈判等事务，也因此他有足够的机会观察中国，主要是广州的风土人情和社会百态，并雇当地人收集广州周边的植物标本。回国之后，他发表了几部见闻录，其中《广州城内》（*Inside Canton*，1858）①是最著名的一部，于1858年在伦敦出版英文本，广为流传。

---

① 该书中译本《广州城内——法国公使随员1840年代广州见闻录》由广东人民出版社于2008年出版。——编译者注

其收集的植物标本几经转手，一部分归法国植物学家埃马纽埃尔·德拉克·德尔卡斯蒂洛（Emmanuel Drake del Castillo）所有，一部分存于法国国家自然历史博物馆。

伊凡来华之时，中国刚经历了鸦片战争的失败，极少有西方游客进入广州城参观考察。由于是受法国公使的委派，又有广州行商潘仕成的保驾护航，伊凡在广州得到了周密的安排和照料，让他得以对广州的政治、经济、文化等方面做了"全景式素描"，为西方社会了解当时的广州提供了十分宝贵的资料，也为如今回顾中国历史提供了一份出自他人角度的参照。

伊凡在广州只是一个匆忙的过客，所见所闻恐不免浮光掠影之嫌。他又不懂中文，通过翻译了解中国文化自然有隔阂，故在一些具体论述中会出现常识性的错误。尽管如此，他的观察却时有细致入微之处，如十三行附近的商铺、市井生活、珠江疍民等。值得一提的是，在广州，伊凡受到了潘仕成的宴请。潘仕成是晚清享誉朝野的官商巨富，也是著名的藏书家。本书中所说的"满大人"主要就是他，所描写的官员府邸就是其住宅，即闻名遐迩的海山仙馆。其园仿江南园林，建有眉轩、雪阁、小玲珑室、文海楼等，收藏了不少金石碑刻、古帖，被誉为"南粤之冠"。下文摘译的第二章、第十一章分别描述了疍民的饮食和行商的盛宴。

疍民饮食：豆腐配饭

我们隔壁的一个家庭引起了我特别的注意。那是一家四口，母亲35岁左右，年轻的女孩14岁，两个小男孩大概五六岁。

他们坐在船头——一个类似船尾楼的、常用于休息的地方，正在吃早餐。母亲的表情温和平静，面容和善，胖胖的脸庞对着欢笑的孩子们微笑。男孩们的头发剃得干干净净，手里捧着食物。小姑娘跟其他疍家女孩一样打扮，头发扎成辫子垂在脑后，用一种善意而欢快的眼神看着我。突然，这个年轻的疍家女孩对我说了几句我听不懂的话，并将她的早餐递给我。那是一个蓝瓷碗装的米饭，佐以豆腐。我左手端碗，右手接过两根中国人用来吃东西的筷子。米饭煮得很透，粒粒分明，呈半透明状，像是从深海中刚取出来的珍珠。豆腐白如浓奶油，用麻油煎了，盖着部分米饭，又在上面淋了一种棕色酱汁，整体看起来有点像瑞士糕点师做的多层蛋糕。这种饭很是不错。我相信

到过中国的欧洲人中没几个人有机会尝到穷人吃的粗茶淡饭,因此我毫不犹豫地要试试。

作为一个如果变成中国人也绝不后悔的法国人,我轻轻松松地用拇指、食指和中指拿着筷子,先挑起几颗米粒,送进嘴里。它们坚实爽脆,带着珠江三角洲平原盐碱地所产谷物特有的风味。接着我又尝了一口豆腐,淡然无味。接下来,以世界美食主义信仰者的勇敢,我把米饭、豆腐和黑色酱汁拌在了一起。完美了!这酱汁应该是蜜汁,或是浓稠的糖浆。

这样混合而成的米饭有点像米奶,但没有淀粉的味道,也没有黏糊糊、水汪汪的外观,不像那些埋伏在世界上最文明的城市(巴黎)街道拐角处的毒贩,在午夜出售的可怕的汤那样。看着我的举动,小姑娘、她的妈妈和弟弟们不时地欢叫:"哎呀!哎呀!"显然这是广州下层人士难得一见的情景,连一些站在快艇船顶上的水手也加入了这家人的欢叫。

我的入乡随俗让他们大为欣赏。从小姑娘的碗里吃了几大口之后,我把它还了回去,并给了她半个银元。接下来我便收到来自四面八方的邀请,让我继续这种友好交流。我优先选择了本船上一个水手的饭碗，与往常一样，未知的食物吸引着我。这碗饭的米粒和年轻女孩碗里的一样，干燥饱满。经过煮制，淀粉粘成银白色的一团，但是下饭的菜不一样了：那是一种黏稠的物质，呈淡黄色，有明显的奶酪味道。这不就是意大利烩饭嘛！还有浓重的帕尔马干酪风味。我狼吞虎咽地把它都吃了。

当我问起这菜的名字，他们说也是豆腐。读者一定想知道它的制作方法吧？像是奶油和奶酪的融合，但制作过程中不需要任何乳制品，而是用一种豆子，在冷水中浸泡到手指可以捏碎的状态，倒入石磨研磨，将流出的汁水煮熟。经过这道工序，再把汁水过滤，得到纯净的、类似牛奶的液体，收纳在盆里备用。取少许熟石膏，磨成极细的粉末，与水调匀，添加至豆浆中。豆浆立刻凝结成形，颜色或暗白像雪花石膏，或黄白，这取决于所用的豆子。这就是豆腐了。豆腐可以新鲜食用或发酵后食用：新鲜豆腐很像普罗旺斯的白奶酪，和疍家女孩给我尝的味道一样；发酵过的豆腐，味道则像我们的陈年奶酪。

卖活鸡活鸭、腌鸭腊肉的疍家船"水寮"　大英图书馆藏

"满大人"宴：鼠肉和甜点

傍晚回到我们可爱的德兴行（The-ki-Han），潘仕成（Pan-se-Chen）已等候多时。这位可敬的"满大人"过来和我们一起吃饭。为了让我们不觉得孤单，他还请了两个欧洲商业代表蒙德（Bondot）和雷纳德（Renard）来作陪。

晚餐按欧式进行，由一个中国仆人——他是一个三流英国厨师的学生，以或煎或烤的方式炮制了一系列味同嚼蜡的肉。在伦敦，人们吃这些肉往往是搭配土豆吃的。更悲惨的是，我们吃下了一种像野味的东西：那绝不会是盎格鲁-撒克逊民族的美食天才发明的，在欧洲也绝不会这样庄重地摆放在精美的银盘上。这是一只老鼠，如假包换的老鼠，Surmulot（法语，褐鼠）！我们甚至可以看出这只老鼠生前已高寿：上颚的门牙尖长，黄得像两条被遗忘在鱼箱底很久的老鱼。我猜想潘大人是察觉到这种阴沟里的生物让我产生了不适的反应，觉得有必要向我们保证它的"出身清白"。

"烦请对你的朋友们解释一下。"他对伽略利（Callery）说，"这个东西出自珠江滩上的稻田，不近喧嚣的人群，远离城市的阴沟。这种动物幼时嬉戏于香蕉树和荔枝树下，成年后饱食水稻的甜茎和谷粒。只有这种乡村洁鼠才能上得了高等宴席！城里的老鼠，出入于污泥，栖息于死水，那是贩夫走卒之食。猫同此理：美食家只吃野猫，不吃那些与我们亲密共居、在屋顶卧息或在地窖打洞的家猫。"

你看，这与我们对家兔和野兔的无尽争论是一样的，尽管二者不分高下。我知道有些人一边吃，一边用这种微妙的区别来自我安慰。不过，我们并不是因为完全接受"这种老鼠出身清白"的说辞而去品尝它的，我们没有先入之见。从银盘里取了一些后，我们一致认为口味非常糟糕。是因为肉质太老了吗？我不知道。但这并不妨碍我们称赞这道古怪的菜肴，并且，当它只剩下尾巴之后，雷纳德先生把它要去，留作这次晚宴的纪念了。谁知道此后它会是多少外贸老手、风趣旅客口中故事的主角呢？

我必须承认自己心地不良。我用尽花言巧语让潘知道，对于老鼠我是不喜欢，但是拉蕚尼先生非常喜欢，应该每天都给他来一点，因为那是一种在法国非常稀缺的野味。不过伽略利心有不忍。多亏我们这位亲爱的翻译，拉蕚尼先生被"剥夺"了在他的餐桌上欣赏这种长尾尖牙家伙的乐趣。

但主人给我们保留了一个更令人乐于接受的惊喜。到了上甜点的时候，一个罩着红漆盖的平盘被放上了桌子，盖上写着："守丧之家奉呈。"潘告诉我们，盘里是他的13个女眷做的糕点。他揭开盖子，我们欣然见到各式各样的小蛋糕和小巧甜腻的甜点，切成漂亮的形状。当我们意识到这些香气扑鼻的甜点，是他的那些如弱柳扶风的妻妾们和潘家美丽的女儿们特意为我们做的时，感激之情无以言表，只有交口称赞。就奶油蛋糕而言，做得真的很好，非常好，不过顺便说一句——法国儒莲蛋糕店做得更好。

我上面提到红漆盖上写着："守丧之家奉呈。"这是一种中国人的习俗。潘大人当时正在守丧，按例要在一切场合表示他的悲伤。因此甚至回到巴黎后，我还吃到一些蜜饯，是这位"满大人"送给伽略利的礼物，上面也写着："一八四六年守丧期内制。"

英国商人沃尔特·芒迪：
花船夜宴的喝酒考验

沃尔特·威廉·芒迪（Walter William Mundy，生卒年不详）的生平已不可考，只知是一名19世纪后期的英国商人，于1874年3月离开英国，乘船到达香港，在香港和广州生活了半年。他的《广州和虎门：讲述在中国六个月的趣事》（Canton and the Bogue, The Narrative of an Eventful Six Months in China, 1875）描写了他眼中的香港、广州和他遇到的各色人物，包括普通百姓、耶稣会传教士、船娘等，详细而生动，留下了一幅19世纪广州及周边地区的社会图卷，至今仍在海外流行。

在花船上宴客是广州人的一项悠久传统，但早期不接待洋人，带有神秘色彩，因而曾被误解。芒迪有幸受邀参加花船夜宴，或许是第一个记录花船夜宴完整过程的西方人。以下内容摘自该书第六章。虽然如芒迪本人所说，书中的记载都是亲眼所见，但也融入了他的理解，因此不免有主观偏颇之处，100多年后的读者当可以谅解。

花船夜宴：美人、美酒与美食

现在,让我来试着描述一场我经历过的中式晚宴吧。晚餐是他们的主餐,也是目前我们有机会观察中国人习俗与品性的重要场合之一。

在宴会欢愉的气氛中他们会放下几分内敛,纵然只是些许松弛,也会令他们向彼此显露真性情。纵观天下,莫不如此——若欲窥探一个人的心迹,就要设法把他置于东道主之位,然后自居客位。这样,你其实置对方于劣势之中,令他极难伪装。身为东道主,受制于习俗压力,他不得不回归自己的惯常。但若晚宴几近结束而宾主之间的生疏仍未消解,对方行之如素,那肯定是你的不对。哪怕是最倔强的灵魂,也都难以在这样的宴饮中孑然孤立。

中国人做东请客,会在细枝末节处表现出最严谨周到的礼仪,并时刻留意宾客最细微的需求。加之他们很有教养,愿意牺牲自身的舒适和习惯,来迁就宾客的偏好。如此的付出是否成功,最好的标志就是:

即便欧洲人不习惯陌生的宴会环境，甚至对主人奉上的菜品感到厌恶，但和东道主共处一桌时，他们无时无刻不感到宾至如归，与主人相处友好。

宴请我的那位中间人慷慨地让我尽情邀请友人，并由我挑选日子赴约。如此安排令我完全不受既定宴请形式的限制。他还特意给我送来一纸以汉字书写的地址，方便赴宴时直接交给船东。

晚宴自然是在珠江船城中的花船上举行。"花船街"是人们对这座水上城市中某些街道的称呼。船之下的河水非常湍急，如果舵手进错了水巷，再要把船倒出来会非常困难，甚至有被周围的大船吸入水下的危险。

我们诸事安排得当，赴宴没有遇到任何波折。大约十点，我们抵达了那个餐馆——其实就是一艘船，我和陪我赴约的一位朋友立刻受到众多熟悉面孔的热情迎接。这些熟人都是受邀来陪我们的，这样整个宴会对我们而言会更加轻松愉悦，而不只是被陌生人包围。每艘船上都有一座房子，一半在甲板以下，另一半则在其上。

这些船连在一起，形成一条完美的水街，每座房

声色之地——广州"花船街"

子前都另外铺设着碎石小径。因此眼前整个场景就像是一条河道形成的大街，小径则供行人通行。到了晚上，还会有人沿着小径走进船舍，欣赏里面的莺歌燕舞。我们一进屋，马上有一名苦力给我们扇扇子，接着有人奉上了茶、坚果、荔枝等各色小吃，甚至还有雪茄或鸦片烟，被我们委婉拒绝了。

顺便一提，这些船舍其实都是固定的餐饮场所，可供聚会时租用，船主则按照约定供应每场宴会所需的一切。这样级别的晚宴，如以十人计，花销通常在20—25英镑之间，可见价格不菲。

我们最先进入的房间里，几张桌子周围坐着乐妓。女孩们在忙着涂脂抹粉，还不忘对着镜子端详自己的仪容。她们面前摆着茶杯。当晚，她们在两个男子的丝弦伴奏下轮番献唱，趁着表演的空档还时不时抽几口烟。这两个男子也唱了几段，我注意到他们的声音和女声一般，非常奇怪。不过，我以前也发现类似的情况，因为我家仆人总喜欢在工作时哼上几曲。

我们初听中国歌谣时，感觉相当单调；但稍微习惯了一点后，就觉得不那么刺耳，变得可以接受甚至悦耳了。其中一些民谣曲调哀婉凄美，编排上留意了

和声效果。

这些乐妓的着装煞是绚丽,有些乐妓甚至还佩戴着颇为华丽的珠宝。她们自己化妆描眉,看起来相当熟练精湛。她们整套装束中最令人瞩目的,或许是发髻上别着的绚烂花朵。另外,她们的手和手指形状优美,还有一两根指甲被精心留长,以彰显主人对美的追求。然而,养护这些手、使其变得优雅其实并没有什么秘诀,只因为这些女孩儿十指不沾阳春水。

她们不会外文,因此同她们交谈是不大可能的。更别提她们好像也不太愿意讲话,只要我们有丁点靠近的意思,她们就会立刻闪躲。因为只要被外国人碰一下,她们在自己群体中的名声就坏掉了。

品完茶并领略了几段妙曼的歌声后,我们被领进里间。天花板上用链条悬挂着的吊灯照亮了整个空间。我们九个人围坐在一张摆满各色美食的桌子边。菜肴被陆续端上来,我们每吃完一道菜,立即就会有一道新菜上桌。每个人手边都放着湿毛巾,方便我们擦拭脸上的汗水,整个晚上毛巾换了有一两次。每人面前都摆着一双筷子,但是如果我们告诉主人"驾驭"它有困难,就会得到一把小叉子。然而我们下定决心要赢取众人的欢心,因此坚定地选择使用筷子,在大家的指导和帮助下,勉强还算做得不错。

我们的努力令东道主非常高兴。显然,我们选择这个国家本土的饮食方式讨得了他们的欢心。而我只字不提这个让步给我带来了多么大的痛苦,还有屡试屡败的挫折感!

我们在晚宴的红木凳上落座后,乐妓们也跟着进了房间,围坐在我们身后的软椅上。按照惯例,在座的人会时不时递给她们一些瓜果,或者一杯烧酒;作为回报,她们会为你打扇消暑。

主人左手边是尊座。晚宴开席,首先上的是燕窝汤,汤汁色白而且异常浓稠;接着是鱼翅,吃的时候要先在桌上各色酱料碟中蘸上一圈;随后,还有鹌鹑蛋、各种做法的鸡肉、龙虾钳和搭配着各种各样酱汁的蔬菜。主人甚至还准备了英式点心,可惜我难以下咽。此外,还有其他甜点和炖梨,直到最后一盘以蜜饯水果为主的甜点上桌,整个晚宴才算画上了句号。

这顿晚宴并非普通的晚餐,在场的中国朋友几乎没有漏过任何一道菜,皆大快朵颐。但是我们却不太能吃得下。幸亏我们有先见之明,赴宴前已经在家吃

了点东西。等所有的吃喝结束，我才如释重负。

中国人对你极尽友好和尊敬的表示之一，就是从自己的盘子里夹菜送入你的嘴中。这种情况经常发生，我也毫不犹豫地频繁回敬，这让他们甚是满意。

然而，今晚真正的考验其实是喝酒。每个人旁边都放了一壶温好的烧酒，方便我们倒入小巧玲珑、造型精美的瓷杯中畅饮。这种酒通常非常烈，幸运的是，这次因为我们的关系，酒的烈度被冲淡了不少。我所谓的幸运，还因为我们没有被灌醉：其实其他人应该早就下定决心要让我们醉倒在桌下的，因为只有这样才不辜负他们的好客之心；而且他们是七个人，我们只有两个人。按惯例，对方每个人都可以向你敬酒，每次都必须把整杯烧酒一饮而尽，还要把杯子倒过来作证才算罢休，这个阵仗让我们很难招架。他们在人数上占尽优势，并铁了心要把这一点利用到极致，轮番向我们敬酒。酒过三巡，他们开始想方设法"缺斤少两"。比如，一个杯子只倒半杯酒，试图蒙混过关，或者设法避免喝光整杯酒。我立即察觉了这些小动作，并毫不犹豫地给他们的杯子都满上，还要他们干杯后把杯子倒过来，以示完杯。令他们意外的是，酒精似乎并没有对我们产生明显的影响；事实上，我们也惊讶于自己居然还没有被灌醉。他们最后还拿出了香槟酒。我们表示不能再喝，但他们执意说这是特意为我们到访而准备的，所以我们只好勉为其难地尝了一点，算是顺了对方的心意。

席间他们玩了好几个游戏，我还依稀记得主要是猜拳。参与游戏的双方伸出几个指头，同时大声喊出一个数字；如果对手不能立即猜出这两个数字相加的总和就要受罚，失败的一方得干掉一整杯烧酒。他们在猜数字中展现了惊人的速度。这种国民游戏本来是底层人士为滥饮助兴的把戏。漫长的宴饮终于结束了，我们又被领回外面的房间，可以在躺椅上休息一会儿。我们还走到屋外呼吸清新的空气，连带散了一小会儿步——从刚才的酒席酣战中脱身，这样的调整对我而言真是舒服极了。

另一边，中国人已经沉湎于鸦片烟之中。接着有人带我们参观了房子。然后，我们又吃了一点点东西，就准备上船回家了。这时候，一个女孩给我们送来一颗包裹在绿叶里的槟榔。她们应该是想挽留我们，但当时已过凌晨两点，我们早已疲惫不堪，因而毫不犹豫地回绝了。留下的人很可能整夜笙歌直到天亮。归途行船时潮涨水急,加上我们人手充足,所以返航速度极快,不一会儿就到家了。不过夜晚漆黑一片,行船时我们不得不时刻保持警惕,以免发生碰撞。

以上就是我亲身经历的唯一一次本地晚宴。不过就我的喜好而言,此生有一次也就足够了。

英国商人沃尔特·芒迪：花船夜宴的喝酒考验

花船　十三行博物馆藏

英国牧师约翰·格雷：
琳琅满目的广州食铺

约翰·亨利·格雷（John Henry Gray，1823—1890），英国牧师，毕业于剑桥大学基督学院（Christ's College，Cambridge），获文学硕士学位。1868年来华，任香港首任会吏长（教会中神职人员的一种，教区主教的下一级，一译为"执事长"），直到1890年去世。在此期间他曾任广州沙面堂的主持牧师（即英国驻广州领事馆的牧师）。

他写了一本书《漫步广州》（*Walks in the City of Canton*，1875）①，于1875年在香港出版。根据

---

① 该书中译本《广州七天》由广东人民出版社于2019年出版。——编译者注

此书的描述，格雷在1875年时已居住广州数年。他从一位中文老师那习得一些汉语和中国历史文化知识，能讲一点粤语。因此，格雷对广州有相当程度的了解，对本地风土民情和人们的日常生活也充满热情。在此之前，描写广州的西文著作已有一些，但大多出于匆匆过客之手，仅是耳闻目睹，零零散散，不成系统；又如蜻蜓点水，不够深入。可以说，该书是当时第一部系统而详尽地描述广州城乡的西文著作。

这部著作在英国获得空前好评，其中一篇书评这样写道："格雷给我们呈现的生动而真实的画面，不仅仅是关于中国的宗教、政府和种族，而且是关于人们的日常生活，他们的家庭、商铺和街道，司法管理，城市治理，道德水平，以及各阶层的生活和特性。借此我们可以了解中国是什么样子的，以及为何如此。"他记载的焕香猫狗肉铺及其菜单是极珍贵的历史文献，被后来的许多著作引用。

朝圣门的焕香猫狗肉铺

接下来,我们进入了一条窄而短的小巷,名叫朝圣门(Tchu-Seng-Mun)。我们在一家餐馆逗留了一会儿。食客来这家餐馆是专门吃狗肉和猫肉的。广州居民叫它"焕香猫狗肉铺"①(Whoon-Hang-Kau-Maau-Yuuk-poo)。

这家铺子的底层和本城许多类似的铺子一样,用钩子挂着一条条遭宰杀的褪了毛的狗。它们的样子像极了乳猪,以至于有那么一瞬间,我们以为身在一家供应猪肉而不是狗肉的餐馆。店门边上有一口平底锅,正在煎一块狗肉。旁边的另一口锅则在炖猫肉。这口锅的上方有一块小木板,上面写着:本店长期供应上等黑猫肉。上楼进入餐厅,我们看见几张小饭桌,人们正津津有味地吃着精心烹制的狗肉或猫肉,

---

① 原书中文是"焕香猫狗肉铺",但从后面拼音看,或许中文应是"焕香狗猫肉铺"。——编译者注

并且气派地以酒佐餐。餐厅的墙上贴着菜单,因而我们得以知道品尝这样一顿美食要花费多少。其中的一张是这样的:

一两黑狗肉,八个铜板;

黑狗鞭,三分银子;

一两黑狗肥油,三分银子;

大碗黑猫肉,一百个铜板;

小碗黑猫肉,五十个铜板;

大瓶普通酒,三十二个铜板;

小瓶普通酒,十六个铜板;

大瓶黑米酒,六十八个铜板;

小瓶黑米酒,三十四个铜板;

大瓶梅子酒,六十八个铜板;

小瓶梅子酒,三十四个铜板;

大瓶梨子酒,六十八个铜板;

小瓶梨子酒,三十四个铜板;

大瓶天津(Tien-Tsin)葡萄酒,九十六个铜板;

小瓶天津葡萄酒,四十八个铜板;

一碗粥,三个铜板;

一小碟咸菜,三个铜板;

小碟酱或醋,三个铜板;

一对黑猫眼睛,三分银子。

如果你以为在华南吃狗肉不是普遍现象,那就大错特错了。在整个广东省,三教九流之辈中,吃狗肉的绝不在少数。这个论断的根据是,在我们走访过的该省内市镇中不少的饭馆,都有狗肉供应。可以这么说,尤其是在夏季,狗肉被认为特别有益于身体健康。①

---

① 在夏至那天,很多饭店只供应狗肉和猫肉,不管是上层还是下层人士都吃。这一天的狗肉宴据说有益于健康。——原注。

桨栏街的泰隆燕窝铺

在桨栏街（Tseung-Laan-Kai）上，还有许多出售燕窝的铺子。在里面你可以看到上等的燕窝，也可以看到他们怎么用燕窝做菜。泰隆（Tai-Lung）燕窝铺接待外国人，店家十分亲切。铺内有间屋了，供顾客品尝各种各样的燕窝菜点。

中国人非常喜欢燕窝汤。这样的食品颇为昂贵，自然不会出现在底层百姓的餐桌上。燕窝作为重要的商品，大批地从苏门答腊、爪哇、婆罗洲和锡兰进口到广州。

我们留意到，中国没有能出产可食用燕窝的燕子。不过普通的作为候鸟的燕子，每年都会来。中国人视燕子为吉祥鸟，因此热烈欢迎它们。1873年夏天的一个上午，一位中国绅士来拜访，恭喜我们来日大吉大利。他这么说是看到了有几只燕子在我们屋前飞进飞出。他们从来不去打扰燕子的窝。

1869年我们走访广东的一个"丝绸之乡"黎村

（音译，Li-Ts'uen），在一个祠堂的祭坛正上方看到一个燕子窝。因为窝里的小燕子每天都要弄脏祭坛，也打扰了在祠堂里读书的学生，我们大胆建议老师赶走它们。他听了惊恐万状，赶紧说打扰这种吉祥鸟可是大不敬，千万使不得。

同样，在中国华北和内蒙古旅行时，我们常常被旅舍房东叮嘱，在任何情况下都不要打扰和伤害在大门或我们卧室梁上做窝的燕子。

还要说一句，桨栏街上有卖中药的铺子。他们卖的许多药物中有一味含有炮制过的鹿角。这味药比较贵，主要供男士，特别是多妻者服用。体弱无子的夫妇也把它当作增强活力的药品，常常服用。得了肺病之人则视它为起死回生的万能灵丹，大量服用，希望自己能康复。这些药铺当中，恐怕要数保滋堂（Po'-Tsze-T'ong）最出名了。

桨栏街,广州最有代表性的街道之一,两边店铺几乎要挨到一起。[英]约翰·汤姆逊(John Thomson) 摄

英国妇人格雷夫人：
沙面中餐馆和富商家的宴席

格雷夫人（Mrs. Gray，1838—1921）原名茱莉亚·科克斯（Julia Cox），出生于英格兰布莱顿。1876年她与在广州传教的牧师约翰·亨利·格雷结婚，婚后于1877年跟随丈夫到广州生活，就此与中国结缘。可惜只过了14个月，她就因病终止了长久居住中国的计划，回到英格兰，直到去世。在广州期间，格雷夫人坚持写信描述她在广州的见闻和感想，给家乡的母亲和其他有兴趣的亲友传阅，而带私密性的家务事她会另纸书写但同时寄出。这种带有游记性质的信她一共写了44封，回国后于1880年，取名为《在广州的十四个月》（*Fourteen Months in*

Canton，1880）①，增加了一篇导言，结集出版。

格雷先生此前已在广州生活多年，对当地风土人情较为熟悉。格雷夫人到后，格雷带着她游广州，不单看名胜古迹，而且穿街走巷，了解当地人的生活方式。格雷夫人似乎也对陌生地方和陌生人的生活特别感兴趣。她不但以文字记录，而且绘制了一幅幅有趣的图画，为我们留下了19世纪末广州社会生活的活泼直观的可贵记录。

格雷夫人在该书的《自序》中说："这本小书是由我在广州城居住的14个月内所写的信件构成的。我在那里有很多机会目睹中国人的私密生活，了解他们的日常家庭生活的许多方面。这些信件当时是写给那些对我在遥远中国的所作所为和所见所闻感兴趣的亲友传阅的。"对比格雷先生的描写，格雷夫人的观察体现了女性的敏锐和细致，描写生动活泼，在类似的著作中出类拔萃，读来有身临其境之感。

以下内容摘译自格雷夫人的3封信，节选了其中

---

① 广东人民出版社于2019年出版了中译本《广州来信》。——编译者注

有关饮食的部分。尤其是第七封信记载了在一家中餐馆就餐的经过，包含了一份菜单和菜品上桌的次序，是不可多得的、广州饮食的珍贵记录。

沙面中餐馆的菜单

我们离开衙门后便往家走,其间还在离沙面不远的一家中餐馆就餐。

亨利点的是真正的中国饭。我们朋友的旅游行程就要结束了,他特别希望我们能在一家中国人的餐馆吃饭。

我们光顾的这家餐馆很大,有很多花园式的包间,如果早点去就可以在里面用餐,可惜我们去得太晚了。我们被请到楼上的包间。马克已经在那里等候多时,圆桌也已经布置好准备上菜了。这里一眼看上去让我联想起儿时与小朋友一起玩过家家。饭桌中间摆放着许多非常精巧的小瓷盘,里面放着各式水果、松花蛋、梨片等。

马上,我们每人面前又摆上了四个碟子,里面分别放着:胡椒、盐、酱油和糖。筷子、瓷勺、一个大碗、一个酒盏,还有一把两个齿的叉子摆在了每个客人面前。亨利叫马克也和我们一起坐下,这样他就可

以给我们介绍这些菜以及就餐习惯等。马克举止得当，展示了一个下级对直接上司的恭敬，但不卑不亢。

我打算随信附上一份菜单，现在先告诉您几件就餐过程中最吸引我的事。

我们按照中国的习惯，先从桌子中间的水果开始，享受我们的晚餐。这里，你无需先把吃的东西用筷子或叉从大盘先夹到自己面前的盘子里，而是可以直接从盘中取着吃。您不知道我是多么感谢这个小叉子，因为我完全不会用筷子。我一试再试，好不容易夹起来，菜送到嘴边时，却掉到桌上了。

菜被不断地端上来，直到晚饭结束时才会一起撤下去。到晚宴结束时，桌上已经堆有三四十个碗了。

所有的菜都煮得很烂很入味，而且多用蘑菇、蒜、荸荠或笋片做辅菜。按照我们的想法，一道道菜出来应该有顺序，可有时一道甜菜后面又上了整只鸭，接着又是猪肉、煮海螺等。吃到一半时，茶和小点心也上上来了。从这时候起直到一顿饭吃完，茶是随时可以斟的。茶是盛在有盖的杯子里端上来的，如果再要添茶，跑堂的就会把新的茶叶放到新的杯子里倒上开水，再端上来。茶杯的盖子很有用处，它可以用来撇去漂浮起来的茶叶，以免喝到嘴里去。

大约有6英寸高的白色金属酒壶从一开始就摆上桌了。酒有两种，白酒是用粮食做的，味道有点像淡淡的威士忌；红酒是荔枝做的。两种酒的味道都不对我的口味，没有一种是我喜欢的。酒是被斟进精巧的小瓷酒杯里喝的。饭吃到最后时，三个装着深绿色东西的漂亮砂锅被端上了桌子，我立即对里面的食物起了疑心。

您还记得亨利在咱们家说过，他非常坚持让我一到中国就要尝尝狗肉、猫肉和老鼠肉吗？我已经在另一家专门做猫狗肉的餐馆看见过黑猫肉（关于这个我将会另叙），所以我已经能认出面前其中一个砂锅里的东西。我的直觉果然不错。我强迫自己把一小块狗肉放进了嘴里，但我坚决不碰另外两个锅里的食物。鼠肉干是和豌豆一起做的。猫肉在欧洲是不入正菜的，但我们这位朋友却沉迷于此，他很享受这种极少能吃到的东西。要吃一顿有猫肉的晚餐，没有1/4大洋可拿不下来。

亨利还叫了另外一道菜。您还记得有一次亨利在

英格兰家中晚宴上提到,他曾在中国吃过一道叫"醉虾"的菜吗?当时在场的一个亲戚后来还和别人说,这不过是爱吹牛的旅游者们的天方夜谭。亨利决心一定要让我来帮他见证一下这个奇闻,所以醉虾就被端上来了。

这些虾是被放在一个有盖子的碗里端上来的。里面事先被倒入酒闷了一会儿。盖子被掀开时,虾就拼命蹦跳起来,有的还直接跳到了桌上。若是有个经验丰富的中国人在场,他会立刻用筷子在虾一跃而出时在半空夹住并把它吃了。但我的这几位同伴无人能做到,我更不敢把这样的活物放进嘴里,亨利也就吃了一个。而我们那位朋友呢?我可以断定他至少吃了两到三个。我从未见过有人像这位朋友一样什么都吃,刚才他已经尽情地吃了猫肉、狗肉和老鼠肉。用他的话说,那些肉真的不难吃。

按照中国的习惯,晚饭最后我们喝了各种不同的汤。离席时,我挺高兴地看到马克和另外一个仆人把桌上的残羹剩饭都给打扫进了一个布兜,带回家享用。

忘记告诉您,吃饭时,他们给了我们一种黄色方形的中国制的纸,这种大约6英寸见方的纸是让我们用来当餐巾的。离开饭桌前,装着热水的黄铜洗手盆被端到我们面前,一块毛巾也被递上来,让我们把手擦干。

我对燕窝汤没有什么特殊的感想,当然,那道菜是今晚最好吃的菜之一。汤是凝胶状的,没什么特殊的味道。燕窝汤是和鸽子蛋及火腿一起上来的。我想汤应该是很有营养的。马来人给燕窝起的名字是"海洋泡沫"。我去过一个专门加工并售卖燕窝的店铺,看到人们是如何将燕窝准备成食材的。整个过程相当费时费力。马来人相信鸟吞下自己的唾液,反刍时再把它吐出来,这过程中在胃里是有化学反应的。

现在我来给您一个小惊喜啊,下面我要列出今天餐桌上的每一道菜。

在桌子中央的小碟子里摆着:

1. 切成小块的橘子
2. 切成薄片的梨
3. 苦杏仁
4. 腌桃仁

5. 切成小块的鸭肝
6. 松花蛋,呈绿色,切成小块
7. 叉烧肉,切成小方块,颜色很深,看上去更像甜肉而不像一般的肉

这是每人面前摆的四个小碟:

1. 一小碟胡椒
2. 一小碟盐
3. 一小碟糖
4. 一小碟酱油

当所有人落座后,依次上的菜是:

1. 海参
2. 老鸭煲,整鸭带骨头一起炖,配以肉馅,非常烂,很容易就能用筷子分开
3. 糟乳鸽和火腿
4. 燕窝汤
5. 羊肉炖竹笋

6. 煮海螺（一种大型贝类），切成了片状
7. 炖螃蟹
8. 炸黑鱼

此处有个休息，开始上茶及两种小点心：

（1）一种叫"千层饼"的点心
（2）松糕，大约有1.5英寸见方

在这间隙里，我们继续享用桌上的菜。
接下来上的菜有：

9. 炖鸡和火腿，肉烂得可以用筷子分开
10. 甲鱼汤，上面漂浮着甲鱼壳，汤要用瓷勺来盛
11. 糟狗肉
12. 炖黑猫
13. 炸鼠肉
14. 面条汤
15. 咸鱼

16. 咸蛋
17. 炒肉末，把猪肉切成非常小的粒状，碎如面包屑
18. 火腿切成小块摆在青菜上面
19. 一盆米饭
20. 粥（米汤）
21. 瓜子
22. 槟榔，被篓叶卷起来，整个一起吃
23. 捣碎的槟榔
24. 醉虾
25. 各式的汤

富商浩官家做客：西式晚餐

亲爱的妈妈：

我很高兴地告诉您，一直想要到中国家庭参观的愿望终于实现了。如果我详细给您描述上周五我们在浩官先生家里度过的那个下午，你一定会非常感兴趣的。

大概是上午11点吧，浩官的家人及朋友在内的7位中国绅士来拜访我们。其中一位就是上封信里曾经提到过的我们朋友的儿子，也就是刚丧偶的那位先生。他说他的妈妈特别想见见"奶奶"，并问我们当天下午是否愿意到他家中一坐。

我觉得可能有件事还没告诉您。那就是，有一个父亲是欧洲人、妈妈是中国人的混血小姑娘，每天早上到我这里上课。因为广州没有她能去的学校，所以我就做了她的私人教师。我真高兴这个女孩子也在应邀之列。后来事实证明，她可帮了大忙，替我做翻译。

伍家花园内的荷塘

我们是在下午3点左右去拜访伍府的。在那里，我们受到了年轻的浩官先生的热情欢迎。他先带领我们去了后花园，并领我们参观了园中的房子。这是中国人夏天的避暑之处。让我惊讶的是这里居然还关着两只鹿①，小路对面还有一些鹅被装在笼子里。亨利告诉我，鹿、孔雀还有鹅之所以被关在这里，是因为中国人认为这些动物可以给他们带来福气。很多士绅家都会豢养这样的动物。

回到内宅后，我被领着穿过不同的厅堂，路过一间又一间屋子，终于到了一个房间，那里有一位夫人迎接我，可她并不是上次出席葬礼时见过的那位。在我那位小翻译的帮助下，我和这位夫人大概闲谈了有10分钟，后来浩官先生的妈妈在两位年轻夫人的搀扶下进来了。那两位夫人神情高傲，脚小得常人难以想象。她们的年龄在十三四岁，将柔顺的长发梳成一个发辫。因为在她们嫂子的丧期，所以她们的辫子用蓝色的发绳系着。中国人把蓝色视为悲伤的颜色，这难道不奇怪吗？他们最喜欢的颜色是红色，所有的喜

---

① 在中国，鹿寓意幸福，孔雀寓意富贵，而鹅寓意恒久。——原注

事都要用红色。

我和敏妮与几位夫人们坐了一阵（与此同时男士在另外的屋子里被分别招待）。到了我觉得应该告别的时候，我站了起来。出乎我意料的是，她们告诉我，已经专门为我们准备了西式晚餐，4点钟就要开饭了。

我被老夫人手拉手引领进了餐厅，亨利和浩官家的先生们都已入座了。餐厅里按照英国风格摆了一张长桌，桌上装饰着鲜花，上了甜点，英式刀、叉、勺等餐具也已经摆好，没有筷子。

晚餐已准备就绪，浩官先生请我坐在他的右手边，亨利坐在他的左手边。我们发现他从亨利的中文老师那里学会了很多西方礼仪。亨利的中文老师也被请来做陪客，指点着浩官先生礼仪上的细节。

各种肉类，包括猪肉、火腿和鸭子等都是煮熟的，但端上来的时候是冷的。雪利酒给我们斟上了。我发现所有中国男士都喝了很多。我很高兴看到面前放着英式的餐巾，有趣的是餐巾居然是没有锁边的。亨利的中文老师肯定教过了他们，一大盘切好的面包端了上来，浩官先生这次自己动手，先给了我们两人一人两大片面包。他是那么的好客,给我的盘子里夹了太多的菜,我完全不知道怎么办。敏妮说浩官先生在不停地抱怨,说我吃得太少,肯定是不喜欢今天的菜。和我们坐在一桌上的10个中国绅士,只有两位是浩官的家人。宴会的主人坐在长桌的上首,他的同父异母兄弟坐在下首。主人儿子的私人教师也在客人当中。

晚餐结束时,浩官先生的妈妈走进屋和我说,希望刚才的晚饭吃得好。她又叫一个小丫鬟来给我打扇。从那时起,那个大概只有8岁的小丫鬟就开始用两只手握着一把蒲扇给我扇风。中间稍有停顿,浩官先生就会回过身去冲她皱眉。这项服务过于奢侈但让人特别感激,因为屋里逐渐变得燥热,而室内没有半点通风设备,只有离饭桌挺远的门全部敞开着。

我还没见过饭后能有这么丰盛的果盘。我们准备离席时,浩官先生还往敏妮的手绢里装满了桃子、荔枝和橘子。宴席快结束时,一瓶樱桃味的白兰地被摆上桌,此后又上了当地产的一种烈酒,玫瑰露酒,两年陈。

浩官家的中式宴：开席30多道汤

亲爱的妈妈：

  还是让我回头说我们的那些听音乐看表演的客人吧。表演终于结束，出于中国绅士好动的天性，浩官先生再次带我们去游览花园和其中的亭台楼阁。游览回来，我们当中的女士被领着一间一间屋子挨个拜访这家人中我们还没有见过的夫人们。一如既往，我们的衣服和首饰又一次被细细地观赏和评论了一番。我们中的一位太太高挑而漂亮，身穿光艳照人的晚礼服，为的是让中国夫人们赞赏。

  中国夫人们确实都大大地夸赞了她，不过又惋惜说，要是她打上胭脂水粉，就会更加漂亮了。其中一位我原先见过的中国夫人说，真可惜我不能讲中文，要不，她很想让我在她这儿住上两三天。而在这期间，我却一直在想如何离开这些闺房，去外面透透气。让我们参观和坐下聊天的这些屋子都非常憋闷，聊天则要通过两个翻译，一个是敏妮，另一个是美国领事的小女儿。

最终主人走进我们正在闲聊的房间，叫我们回到摆下宴席的那间大厅去。等主客都聚齐了，浩官先生按照重兴（他也是被邀的客人）再次告知的英式礼仪，朝我走过来，说："第一夫人，有请。"他牵着我的手，把我安排在他的右手，即上宾的位置。接着，他回到房间的另一端，太太们都等在那里，对美国领事的太太说："第二夫人，有请。"他把领事夫人领到桌旁，安排到自己的左边落座。就这样，他依次把所有的太太都安排到了桌前。安排这样一批外国客人对这个可怜的家伙来说显然是件新奇之事，不过每当手足无措之时，他就向重兴求救。绅士们挑了自己乐意的座位坐下，主人的兄长也坐到了长桌的后端。终于开宴啦。

每一种食物都是盛在小瓷碗里送上桌的，碗的大小跟我们欧洲人的早餐盘子相仿，食物几乎都做成了汤。燕窝汤、鱼翅汤、海带汤、鸭子火腿笋片汤，一种接着一种，不胜枚举。在二十几道荤汤上完之后，侍仆送上了糖水（盛在小碗里面，每人面前一碗）。我们被告知，这是鸡蛋莲子汤。跟着这道汤一起上来的还有小甜饼。我们以为，或者说是希望，宴席接近尾声了。谁料想，各种肉菜和汤又一轮接一轮地送了上来，无穷无尽。

肉菜有焖羊肉和烧鸭子；中国人的餐桌上是没有牛肉的，因为黄牛和水牛都是极其有用的耕畜，吃它们的肉是一种罪过。事后我们得知，还有好几味菜没有上桌，因为重兴听到我们私下耳语说吃不下了，就让浩官先生打住了。这真的帮了我们一个大忙，因为在中国人的酒席上，给你准备的食物不尝一口是很不礼貌的。

现在，除了一道道上到我们面前的菜肴外，主人也让我们尝遍了放在桌子中央的大菜。佐餐的葡萄酒有雪利酒、香槟（这两种酒的滋味几乎没有差别）和烧酒，即一种烈性的白酒。就葡萄酒而言，中国人饱受买办的欺骗。比方说，他们付了高价买香槟，买办给的却是醋栗风味的葡萄酒，其实很难入口。

看到中国绅士们在饭桌上互相敬酒，我深感惊讶。但在回家的路上，亨利告诉我，这种习俗在中国已经流行几百年了。我不断地被这个或那个中国朋友点名喝酒，尽管心里不愿意，还是不得不每次都端起放在我面前、盛在小瓷杯里的三种酒中的一种，抿上一口。

绅士们互相敬酒的方式很有趣：把满杯的酒举到唇边，一饮而尽，再将杯口倒转。餐厅越来越憋闷，几乎令人窒息。我们的主人好像跟我们一样感到热不可耐。他和其他的绅士时不时地把袖子撩到胳膊肘以上，让手臂裸露几分钟，长吁短叹。我敢说，他们并不知道这么难受是因为不通风。中国人的房子里没有悬于天花板上的布屏风扇，取而代之的是站在客人身后的婢女手中不停摇动的蒲扇。

酒宴上，乐师自始至终都在演奏，声音震耳欲聋。手鼓和大鼓几乎持续不停地响。这是一种非常奇特的音乐，不分段落，连续不停，也没有音量的强弱起伏。唯一我能够分辨的变化是，在鼓声的伴奏下，短笛时不时会独奏一会儿。有的时候，铜钹会一枝独秀地来上几下。

隔一段时间，两三个艺人就唱上一段，用的是在中国戏剧中惯常使用的古怪假声。我相信，我们听到的全是中国的历史故事。吟唱者的表情非常滑稽。为了发出一些高亢而奇怪的声音，他们会把嘴巴咧得很

开,然后突然闭紧。吟唱的时候,他们毫无例外地眼睛朝下。中国演员不但在唱的时候用假声,道白的时候也是,给不习惯于此的听众带来非常奇怪的感受。演员们从来都不允许用天然的嗓子。而女角总是由男子来扮演,这种假声应该是模仿女声。

宴席持续了两到三个小时,终于结束了。我们又重新在餐厅的一头落座,音乐会再次焕发活力。我们的主人变得异常兴奋,走到乐师中间,砰砰地敲起了铜钹,噪声之大几乎把我们逼疯。第二天,客人当中有两位的脑袋出现了强烈的神经痛,我相信那一定是这种噪声和酷热造成的。

我忘记跟您说了,在吃甜品的时候,应我们的要求,几个绅士玩了一种游戏。令人诧异的是,这种游戏在意大利也非常流行。游戏由两人对玩,双方同时高声喊出一个各自心中想定的数字,并伸出右手的几根手指。两人的出拳都非常快。如果某人喊出的数字刚好跟双方伸出手指之和一致,此人就赢了。猜错的一方罚酒一杯。

大约9点钟,我们起身告辞,送我们到门口的是浩官先生和他的朋友们,女眷只有浩官太太一人。他们以欧洲人的方式和我们握手道别。临走的时候，年长的浩官先生，年龄在40岁左右，请我们两三天后去他家赴宴。在约定的那天早晨，按例送来了红色请帖。

我已说过，他和我们上次拜访的浩官先生住在同一个大宅院里，但另成一体，自有厨灶和厅堂居室，实际上就是一座独立的院子。我们用餐的屋子非常华丽，布置了精美的雕花红木家具。房中的透雕隔断从天花板下垂及地，美轮美奂。

菜肴各式各样，汤的花样甚至超过上一次宴席。我注意到其中也有同样的品种：第一种应该是燕窝汤；第二种汤里面有肉片；第三种是糖水，以莲子为主；第四种里有鸭肉块。诸如此类，数不胜数。我们享用了至少30种不同的汤，实在太多了，以至于到最后即便是尝一口新上的菜肴都非常困难。

浩官老爷的胃口之大令我目瞪口呆。他一道一道地吃着上来的菜；我一直在观察着，没有看见他拒绝过任何东西。他还豪饮着香槟和葡萄酒，不停地轮番给周围的人敬酒。没有人阻止他。喝肉汤的时候，我们欧洲人很希望有面包配食；本来至少该上米饭了，可

是没有。米饭后来是作为一道独立的菜品上来的,每人一碗中式调味的炒饭,是我们以前从来没吃过的。

年轻的浩官把小碗举到唇边,用筷子三扒两扒,很快就吃完了他的那份。看到他在宴席末尾的这种吃相,人们一定会以为他没有动过先前上来的30种汤。幸运的是,招待我们的餐厅是露天的,正对着漂亮的庭院。荷花正在怒放,是庭院里最美丽的装饰。

我无法克服使用筷子进食的困难。在来中国之前,我以为是一手抓一根筷子的,没想到要仅用右手的拇指和食指把整双筷子捏住。尝试多次无果后,我终于放弃了。主人看在眼里,便吩咐一个侍仆给我拿来了一副刀叉。

我们到中国绅士家赴宴,主人有时候会派人来我们家,借玻璃杯和刀叉等给我们使用。

贵妇聚餐

爱尔兰作家哈代：
广东人不吃的那就真不能吃

爱德华·约翰·哈代（Edward John Hardy，1849—1920），爱尔兰神父和作家，毕业于都柏林圣三一学院。他担任驻港英军教士近4年，多次去中国内地旅行，将所见所闻写了一本书《中国佬约翰在老家；中国的人民、风俗和事物概述》（*John Chinaman at Home ; Sketches of Men, Manners and Things in China*，1905）。

虽然名曰"中国"，其实也只是当时广州府及其周围。正如他在该书前言里所说的："我担任随军教士，在香港生活了3年半，其间时常休假去内地旅行，尽一切可能听、读和观察有关他们的一切。我也借部队调防和野外演习之际,走访香港新界的乡村,获益良多。中国比英格兰大140倍,所以无论说她什么,恐怕都只适用于其部分地区。"

以下选译自本书第十章,反映的主要是广府人的饮食习惯和待客风俗。

神奇的小贩、路边摊和店铺

广东人不吃的东西那就真的不能吃了。从根到叶,从外皮到内脏,一切都能进入他们肆无忌惮的肚子里。老鹰、猫头鹰和其他杂食动物都能在中国人中找到它的对手,被其捕食。猎人的随行苦力会吃掉猎

露天小食摊 [英]格雷夫人 绘

杀的獾、果子狸或狐狸。甚至是在自己身上捕捉到的小动物（臭虫之类），他们也会用牙齿嚼碎，很可能还吞下肚去。

在市场上，家禽的喙、脚和内脏都是单独出售的。谁能看出中国的饺子、肉饼和香肠都是什么馅？路边小摊上红红绿绿的饮料也形迹可疑，尽管用来制作饮料的水果就陈列在一旁。一个罐子里装的是蛋汤，因为罐子旁边放着鸡蛋，这说明罐子里面就是鸡蛋！对知识的渴望促使我尝试一切。

"不入虎穴，焉得虎子"是我的座右铭。我曾大胆地尝过很多他们罐子里的貌似"可憎之物的汤"①，偶尔也会惊喜地发现味道不错。

几个中国小贩拿出的东西，就可以填满一个堪比《麦克白》②中女巫的大锅了。这人可以贡献壁虎眼、青蛙腿，另一个人能拿出好几种蜥蜴，还有的能拿出黑甲虫和蚱蜢。一个桶里放着看起来像干

---

① 语出《圣经以赛亚书 65:4》："在坟墓间坐着，在隐密处住宿，吃猪肉；他们器皿中有可憎之物做的汤。""他们"指异教徒。——编译者注

② 莎士比亚的名剧。主人公麦克白受女巫怂恿而弑君篡位。——编译者注

李子的东西。"这是什么?"你问一个咧着嘴笑的中国人。他朝嘴里塞了一颗,回答说:"甲由(Cocky-loachee)啦,非常好。"它们是干蟑螂(cockroaches)[①]!

苦力会在路边摊上用小铁叉挑一小块糖姜、莲藕、甜瓜和其他东西来吃,每一小块花1个铜钱,或大约1便士的1/40。想象一下英国工人会这样放肆地在路边小摊吃甜食吗?

街头小吃摊　[英]格雷夫人　绘

[①] 水蟑螂,俗称龙虱,广东人叫水甲由。——编译者注

在中国，没有为了陪饮而喝酒的习俗。当我们的男士以友谊为名互敬烈酒或啤酒时，中国人则聚在一起嗑西瓜子拉家常。中国人很喜欢炒西瓜子，以至于你在有些地方可以白吃西瓜，只要你留下瓜子。一般人喝的烧酒是从稻米蒸馏出来的，小口抿着喝，并就一口食物。他们喝水总是喝热的，以防疾病。

中国有句古话，"嘴不能闲"。因此，当一个人没有更好的东西吃时，他不是嚼甘蔗就是嚼花生。孔子吃得很少，但吃饭的时候从来不缺姜。①他的弟子们更倾向于遵循第二条规则，而非第一条。中国人和英国士兵一样喜欢腌制食物——腌坚果、腌卷心菜、腌洋葱，他们也喜欢用盐和糖腌制的水果。任何东西只要有酱油，都能下肚。蚯蚓炸脆了便是美食，蚕在吐完丝后也可成为美食，活炸蝗虫则被认为味道更香，营养更好。

外国人曾经把在北京可以买到的牛肉分别起了绰号："马肉""骆驼肉""驴肉"或"悬崖肉"。

---

① 《论语》记载孔子说过："不撤姜食，不多食。"意为每餐少不了姜，但也不多吃。哈代应当是误解了这句话。——编译者注

"悬崖肉"指的是摔死的动物身上的肉。华南人不吃黄牛或水牛的肉,因为它们对农业贡献极大;也因为信奉轮回说,它们有可能是祖先转世的。然而,如果一个节俭的人想吃死牛的肉,他就会美其名曰"山鲸",并心安理得地吃下去。

一本劝善书中有一段叫人们不要吃牛肉的文字,通过一些因吃牛肉而受难的人的例子来加强这一劝诫:屠夫是没有好下场的。据说,有一天一个屠夫买了三头水牛,其中一头被他杀了。晚上,剩下的两头水牛在梦中来到他面前,一头说:"我是你的爸爸。"另一头说:"我是你的爷爷。"说罢它们摇身一变,屠夫看到它们确实是他的父亲和祖父。

吃鹿肉则有变得胆小如鹿的危险。猪肉是中国各地都普遍食用的,但猪常常遭到不恰当的处理。人们用针头刺入猪的大静脉,往里注水来增加其重量。中国人就是这样给死猪注水的!我还看到一头猪躺在地上,任凭船舱的女主人在它身上捉虱子,真是有趣极了。

中国的蔬菜种类大约是欧洲的4倍。唉!如果知道它们施的是什么肥,我们欧洲人就不敢吃他们的脆生菜和红萝卜了。就我们的口味而言，中国人实在是糟蹋了他们的水果，水果在成熟之前就早早被摘了下来。他们还把菊花花瓣和其他花儿当蔬菜吃，在我们看来简直是暴殄天物。

如果中国人不认为炼乳是传教士用偷来的孩子的大脑制成的，那他们其实非常喜欢我们的炼乳。他们一杯接一杯地喝，还加很多糖。他们很少食用牛奶或水牛奶，但厦门的店铺有卖人奶的，供老人喝，因为相信它营养极好。有一个广为流传的故事，一个儿媳为了养活丈夫那个牙齿掉光了的老母亲，断了自己孩子的奶给婆婆喝。她的行为获得交口称赞。

大米是中国人的主食，不过不是单独吃的，而是跟猪肉、鱼、卷心菜和其他调味品一起食用。米粉被制成许多可口的食品。豆粉和豆腐极其常见，各种面条、贝类和海藻也是中国人常吃的。

用盐、石灰和草木灰腌制的蛋可以长期保存。一般腌制40天就可以吃了，但40年后也还可以吃。中国主人会用地窖里最陈年的蛋来招待最尊贵的客人，就像英国主人会用他酒窖里最陈年的葡萄酒来招待客人一样。

我在香港总督的餐桌上吃到的蛋，据总督大人说，已经保存有100多年了，那是他收到的一份厚礼。它们色黑如墨，不知是时间还是草木灰的作用。用米酒腌制的蛋则非常美味。

竹笋类似芦笋，跟中国其他蔬菜一样，都是煮得半生半熟就吃了，有点像吃手杖。因为对罪犯的一种惩罚是打竹板，所以苦力都忌讳叫他们"吃竹笋"。

离开香港前，我见识过对一个妇女的奇特指控："无证叫卖鸭血。"人们会惊讶，广州的杂货店外悬挂的风干的鸭子居然那么多，脖子有半码长。那些看起来像皮革碎片的东西是老鼠，查验一下它们的脑袋和像葡萄卷须一样卷曲的尾巴，你就能确信无疑了。头发稀疏的人吃老鼠肉据说能生发，还能治疗耳聋。

上次在广州，我看到一家过去琳琅满目的商店外面只挂了一捆腌老鼠，便对同伴说，看来这个季节老鼠缺货啊。店主懂一点英语，听到这话，为了不让我失望，走到店内，拿出两只干猫扔在柜台上说："现在流行吃这个。"

中国人说，他们只吃田鼠。如果这是常规，那也有例外，就像下面两个故事所反映的，对此我有充分的发言权。在香港发生鼠疫的那段时期,卫生部门会对所有被杀死的老鼠进行解剖,检查是否带菌。一位户主问他的大儿子,刚抓住的一只老鼠在哪里,他想将其送去检疫,得到的回答却是:"你的一个轿夫把它当早餐吃了。"

一位英国女士向一位同住的中国女士称赞晚餐上的一道菜。"我很高兴你喜欢它。"中国女士回答道,"那是我今天早上在你房间里抓到的老鼠。"不过需要提醒的是,这是在不容易获得食物的乡下。

我去过广州的猫狗市场,看到了数百只这样的动物被关在笼子里,死的则挂着出售,以不同的方式烹调。幸运的是我没有亲眼看见杀猫,那个带我去的人则见过。在广州的同一个地方,一些商店用箱子和篮子装着蛇卖。有些爬行动物是买来食用的,但更多的是作药用。

香港赛马场举行比赛的时候,场外聚集着成千上万小吃摊。去年我数了下,有16个卖的是狗肉。狗肉是用油加水、栗子、洋葱和辣椒炒的。狗肉主要供应给来自广州的游客;对很多广东人来说,没吃过狗肉就不算出过远门。我尝试过两次,觉得它名不副

实，其滋味介于兔肉和老羊肉之间。

剥了皮并大卸八块后的狗，要分辨哪一种是黄狗、哪一种是黑狗，只能看仅存的尾巴尖。顾客以此来挑选所需，至于哪一种更有益于健康则意见不一。狗在被宰杀之前会被喂一段时间的米饭。我不想给人留下猫、狗、老鼠是中国人的主食的印象，这些主要是广东人吃，而且也是有人不吃、有人爱吃，就像法国人之于青蛙和蜗牛、英国人之于臭野味和"活蛆乳酪"。奶酪和黄油，中国人称之为"奶糕""臭奶"或"牛油糕"，都被认为很恶心。

捕食青蛙 出自《中国服饰》(*The Costume of China*, 1880)

中国人的待客之道

中国人的待客之道是让客人吃到撑,客人起身离开时要想尽办法挽留。

富人家的一场晚宴会有二十到五六十道菜,一次上四到六道。你的礼貌会要求你每道菜都至少尝一口。还不止于此,最后一道食物总是一碗米饭,供你溜溜缝。如果你接了这碗饭,为了表示你欣赏这一席盛宴,就必须吃完每一粒米。偶尔也有主人会体谅地说米饭不用吃完。即使是上层人士也会吃干净他们碗里的东西,然后泰然自若地将骨头和残渣扔在地上。他们的碗在席间是不换的。在吃喝的时候他们会发出响声,在我们看来是不雅的。每位客人的身边放着折叠起来的5英寸乘以2英寸大小的红色餐巾纸。

热毛巾递给你擦额头,弹唱的女孩们停止表演,过来给你扇扇子,和你聊天。你以为宴席就结束了?且慢,这只是个过场。转眼第二批食物被摆上了桌子,休整过后的客人开始新一轮的"进攻"。

男士总是自己聚餐，不带女眷，但有时女士也自己举办宴席。一句古老的医学谚语说：肠胃喜欢意外。如果此言不虚，我的肠胃一定因我参加过的两三次宴席而受益良多。也许它不只是惊讶，还时不时地震惊呢！不过，后来胃以自己明确无误的方式告诉我，混合在几乎所有菜品里的半生不熟或全生的蔬菜，完全不是令人愉快的意外。

客人被安排成8人一桌，桌上不铺桌布。他们用筷子和小瓷勺从桌子中间的盘子里取菜。主人敬客时用自己的筷子夹起一点菜放到客人碗里，客人同样回敬。客人之间也以同样的方式交换美味。

那些从小习惯用筷子的人能够神乎其技，据说有一位宫廷侍臣就是这样。有一次，一粒米从皇帝的嘴唇上掉下来，他用筷子在半空中迅速将其夹住。因为这一"壮举"，他得以官居高位。中式宴席上最好吃的是燕窝汤，但正如甲鱼汤之美味取决于甲鱼之外的配料，燕窝汤也是，燕窝是其中最不重要的部分。另一种味道比名字更好的汤是海参做的。

以下的中国菜肴对外国人来说很奇特：青蛙、熏鸭、猪嘴顶、鸽掌、鲸鱼筋和鹿筋、鲨鱼翅、鱼脑、松子鱼、鱼肚、莲藕。有时为了一道菜要杀掉100只鸡来取得鸡脑,或者为了得到尽可能多的鸭舌而杀掉同样多的鸭子。烧酒是一种用稻米酿制的烈酒。每道菜结束后,都会用漂亮的小杯子热腾腾地给你倒上一杯。它的味道有如啤酒加雪利酒,或者啤酒混合了威士忌。

中式宴席结束后,对着主人打嗝是一种礼貌,这是对主人的盛情款待表示感谢。然后必须说一些客套话。比如主人说他招待不周,无地自容;客人则表示自己受到的款待实在受之有愧——这可能是真的。

中国人自称一日只吃两餐,因为他们不把"点心"计算在内,包括早上起床时吃的一些糕点和茶,或者在早晚两餐之间享用的零食。

中国人捕鱼和狩猎的方式不太光明正大,但很别出心裁。他们训练水獭和鸬鹚为他们捕鱼。在有月光的晚上,他们在船的侧面安装漆成白色的木板,并以特定的角度斜插入水中。鱼被这些木板上反射的白光欺骗,跳跃到上面,就顺势落入了船舱。中国鱼塘周围都有茅厕,见过的欧洲人赞叹他们的节俭,但会在饭桌上说:"请不要给我鱼!"商店里的活鱼则养在水箱里。我曾饶有兴致地观察过一个人怎么捡蛤蜊：为了防止陷进泥里，他单膝跪在一块木板上，用另一只脚推动木板滑行。没有哪个民族像中国人一样如此广泛地食用海藻。

中国人打鸟用的枪没有枪托，是放在髋部发射。人工诱捕鸟经常可见。有时会用泡过烧酒的米饭引诱野鸭，它们吃了后醉醺醺的，便被轻易地抓住了。以下方法则用于抓滴酒不沾的鸭子：把空葫芦扔到水中任其四处漂浮一段时间，等鸭子习惯身边这些葫芦之后，人们就把类似的空葫芦套在头上，葫芦上挖好孔以便观察和呼吸；然后他们悄悄地下水，肩膀以下的身体没入水中，轻移到鸭子旁边，抓住它们的腿，一只一只地拉入水中。

若没有茶园和茶馆，便少了三分中国味道。一个中国人来做客，主人首先奉上的就是一杯茶。中国人邀请朋友来小坐，说的是："备茶恭候。"在炎热的暑天，乐善好施的人们会准备大锅的茶水，供人取用。工作场所也总有茶供应。

广州茶栈　［英］约翰·汤姆逊　摄

茶行验茶室　　［英］约翰·汤姆逊　摄

附录一：西餐在香港

在百年前西方人谨慎地审视和品尝粤菜的同时，广州人也对西餐抱有同样的好奇与不解。前文所录广州文人评价西餐的信件，正是这一历史的写照。

除了尝新之外，出于对外交往的礼节和商业贸易的需要，行商会经常在家中设置西式宴席来招待宾客，因此需得有人学习制作西餐。当时在香港出版的《西国品味求真》（*The English-Chinese Cookery Book*，1890）就是一本粤式西餐的英汉（粤）对照教学食谱。

该书的编写者美国人波乃耶（James Dyer Ball，1847—1919）是一位汉学家，出生于传教士之家。其父老波乃耶是自美国来华的传教士，辗转于新加坡和香港，不久又移居广州，娶英国女子伊莎贝拉·罗伯特森（Isabella Robertson）为妻。老波乃耶夫妇在广州从事教育、医疗、出版等活动。他们的孩子波乃耶在广州出生,在广州和香港长大,从英国利物浦大学(University of Liverpool)毕业后,在香港工作了35年之久。他精通广东话,被誉为当时香港最会说广东话的外国人。

波乃耶从1883年起先后出了四版《易学广东话》(*Cantonese Made Easy*),不但深受初学者欢迎,也被研究早期广东话的学者纷纷采用。此后,他又接连出版了《广东话口语读本》(*Readings in Cantonese Colloquial*,1894)、《中国风土人民事物记》(*Things Chinese*,1904)、《怎样写中文》(*How to Write Chinese*,1905)等。

根据波乃耶在前言中的说法,《西国品味求真》是应一些西方人士的要求而作,他们非常需要一种烹饪书,给受雇于外国家庭的当地厨师使用。该书收录了约200道西餐食谱。

在编写时,波乃耶尽量克服中外烹饪术语难以对译的困难,并使用通俗易懂的当地语言(粤语),使当地厨师能更好地理解。可以说,此书就是一本中西文明互鉴的产物。

附录影印了该书的部分食谱,不仅供读者了解

19、20世纪之交香港的西餐食谱,或许还能探寻到近代粤菜演化过程中西方饮食文化的影响。

A RICH SOUP.

THE richest soups are made by using several kinds of meat together; as beef, mutton and veal. A shank of each of these with very little meat upon it, should be boiled several hours, and vegetables with various kinds of spice added.

Nice soups should be strained; and they are good with macaroni, added afterwards, and boiled half or three-quarters of an hour. If you have the water in which chickens have been boiled, the soup will be much better if the beef, and mutton, are boiled in this, instead of pure water.

好味道湯法。

至好味道湯，係用幾樣肉製之，或用牛肉、羊肉、牛仔肉，每樣取一肶骨，要有些少肉相連為佳，煲數點鐘之久，然後加茶及幾樣香料入內，至好之湯，係過篩，篩出其渣滓，篩之後落通心粉，煲半點，或三個骨鐘之久，如果用雞湯烚牛肉羊肉，較之清水，更勝一著。

ROAST BEEF BONE SOUP.

BOIL the bones at least three hours, or until every particle of meat is loose; then take them out and scrape off the meat and set aside the water to cool. Take from it all the fat. Cut up an onion, two or three potatoes and a turnip, and put into it. Boil an hour. Half an hour before it is ready add some salt.

燒牛肉之骨湯法。

此牛肉骨至少煲三點鐘之久，等所有在骨之肉鬆起，然後取出其骨，刮去其肉，此湯安置一處，待他凍時，然後撇去湯面之肥膩，用蔥頭一個，荷蘭薯仔兩三個，羅蔔一個俱要切幼，放落湯處，煲成點鐘之久，至半點鐘此時，要落些少香料兼及些少鹽。

SHANK SOUP.

WHEN you buy a shank, have the butcher cut it into several pieces and split open the thickest part of the bone. Boil it three or four hours, and set it aside. Take off the fat, and, if it is not desired to keep the meat in the soup, take that out also. Cut up an onion, and two or three potatoes and put into it, and a little salt.

製腿骨湯法。買此腿骨之時使其賣者用橫刀斫開幾斷至厚之處又放直刀斫開煲三四點鐘之久安置一處然後撤去肥膩或不中意此肉在湯則又除清出外加葱頭一個薯仔兩三個切幼放落兼加些少鹽。

OX TAIL SOUP.

TAKE two tails, divide them at the joints, soak them in warm water. Put them into cold water in a stew pan. Skim off the froth carefully. When the meat is boiled to shreds, take out the bones, and add a chopped onion and carrot. Boil it three or four hours.

製牛尾湯法。取牛尾兩條在骨節處切開一節一節浸落熟水然後或煲或鑊先以凍水或在煲或在鑊然後落牛尾用火煲或燉此時要撤去所有之水沫至緊要係用子細做此肉煲到爛清則取葱頭蘿蔔各一個切碎放落湯內此湯要煲之或燉之至兩三點鐘之久。

TO BOIL AND SERVE PRAWNS.

BOIL for ten minutes in a stewpan of boiling salt and water and then drain them dry. Put a coolie orange into the centre of a dish and stick the prawns thickly over it, commencing at the bottom. At the top, place three with the backs down, and a sprig of parsley.

烹大蝦法。用鹽水一鑊，烹至極滾，放蝦落鑊，要滾兩個字之久，撈起待水流清，週圍排在大碟中，蝦在碟之底排圍，宜後用蝦三隻，將蝦背放在橙頂上，又落早芹菜一條在上，便見雅觀。

THE SIMPLEST WAY OF COOKING OYSTERS.

TAKE them, unopened, rince the shells clean, and lay them on hot coals, or the top of a cooking stove, so as not to lose the liquor. When they begin to open a little, they are done, and the upper shell will be easily removed with a knife. The oysters are to be eaten from the shell.

烹蠔最易法。將蠔洗淨，不用開壳，放在鐵火爐上，而或放在炭火上面，此蠔富側放口宜向出，以免蠔汁流出。見蠔之壳有微開口，便熟待食之時，用刀插開，就從蠔壳裝住，便合。

TO FRY OYSTERS.

LAY them in a cloth a few minutes to dry them, then dip each one into sifted biscuit crumbs, and fry in just enough fat to brown them. Put pepper and salt on them, before you turn them over.

煎蠔法。

將蠔肉放在乾淨布之上約一個字之久，令其瀝清蠔肉之汁，然後將每隻蠔放下過篩之餅乾碎處，使其黏勻。煎之時，落猪油不宜多，僅足煎到見有黃色，便合。又要撒糊椒末及鹽些少，然後反轉煎之，便合。

BUTTERED CRAB.

BOIL one large crab, pick the meat out of the shell, cut it into small pieces and mix all well together with bread-crumbs, and a little minced parsley, equal to a third of the crab in quantity. Mix in pieces of butter here and there; season it with pepper and salt, pack it into the shell and squeeze over it the juice of a lime, or drop in a spoonful of vinegar. Cover the top with a thick layer of bread-crumbs, put small pieces of butter over it, and bake in a moderate oven.

製牛油蟹法。

此蟹要成隻養熟，在壳取出肉，切細塊。用蟹肉四份之三、麵飽碎及切幼旱芹菜肉四份之一，落牛油些少放于蟹肉之處，及落糊椒末及鹽些少，放入蟹壳內，又搾檸檬汁落上面，或用醋一匙羹，然後用一層厚麵飽碎蓋住，落牛油分每處，放于局爐慢火局熟便合。

TO BOIL A HAM.

A ham should be soaked in cold water for twelve hours, then trim and scrape it very clean. Put it into a large stewpan with more than sufficient water to cover it. Boil it for four or five hours according to its weight, and when done let it become cold in the liquor in which it was boiled; then remove the rind carefully and shake bread-crumbs over the fat.

恰火腿法。

用凍水浸十二點鐘之久，凡有凸肉處必要批刮又要剷至極乾淨放落大鑊用多水浸之。看火腿之大小約或四點鐘五點鐘之久。仍由所恰熟時。原水浸住待其漸凍。然後仔細剝皮洒麵飽碎於肥肉處便合。

TO FRY HAM.

CUT thin slices, and take off the rind; if very salt, pour hot water upon them, but do not suffer them to lie long in it, as the juices of the meat will be lost. Wipe them in a cloth; have the frying-pan ready hot, lay in the pieces and turn them in a minute or two. They will cook in a very short time, say eight minutes. The secret of having good fried ham is in cooking it quick, and not too much.

煎火腿法。

將火腿切薄片除清皮。若火腿過於鹹者。宜用熱水浸之。但不可浸耐恐失去原身之汁味也。將火腿用布抹乾淨。要預早整熱煎扳一個將火腿放落或一二分鐘之久。要反轉煎之。但好快時候便熟約八分鐘之久。便得○若欲火腿美味及好食者。要快的煎之。緊記不可煎過時候。乃合。

HAM AND EGGS.

FRY the ham as before directed, and when the ham is all fried, turn the fat into a basin, and scrape the salt from the frying-pan; turn back the fat, and add to it half a cup of lard. When this comes to a boil, break in your eggs. Dip up the boiling fat while they are cooking and pour over them, they will be ready in three minutes if required underdone, but if wanted well done, in four. Lay them on the slices of ham, and serve.

煎火腿雞蛋法。照上言所煎火腿一樣製法。○但煎完火腿之時，倒清肥膩落碗處，煎板所有鹹物要刮至極清，然後倒回肥膩落煎板及加豬油半杯，然後放囘火中任由他滾，但滾之時將雞蛋打開壳，倒落鑊而炸之，若緊之時，要舀起肥膩，倒蛋落上面。若要半生熟者，則炸三分鐘之久，或中意極熟者，則炸四分鐘之久，便可得矣。○若擺檸之時，每塊火腿放一隻雞蛋在上面便合。

FRIED SAUSAGES.

CUT the sausages apart and wash them; then lay them in the pan and pour boiling water over them; let them boil two minutes, then turn off the water and prick the sausages with a fork, or they will burst open when they begin to fry. Put a little lard in the pan with them, and fry twenty minutes. Turn them often that they may be brown on all sides.

煎猪腸法。將猪腸每度切斷，用水洗净，放落煎板，倒滾水滾兩分鐘之久，然後將水倒清，用叉將腸䓤插，以免煎時爆烈。用猪油少少放下煎板處，煎四個字之久。但煎之時，要耐不耐反轉，令其週圍有黃色爲好。

BOILING POTATOES.

TIME required for boiling potatoes. Old potatoes about half an hour; new potatoes about twenty minutes; steamed potatoes, half an hour.

BOILING OLD POTATOES.

Wash the potatoes well in cold water. If the potatoes are diseased then take a sharp knife, and peel them, and carefully cut out the eyes and any black specks, but it is otherwise much better to boil them in their skins. Put them in a saucepan with cold water, enough to cover them, and to every two pounds of potatoes sprinkle a teaspoonful of salt over them. Put the saucepan on the fire and boil the potatoes from twenty minutes to half an hour. Feel if the potatoes are quite tender with a fork. When sufficiently boiled, drain off all the water, stand the saucepan by the side of the fire to dry the potatoes. When they have become quite dry, take them carefully out of the saucepan, and if they have not been peeled before, peel them without breaking them, and place them in a hot vegetable dish for serving.

製羹荷蘭薯法。

凡舊薯仔約羹半點鐘之久。○凡新薯仔約四個字之久。○燕薯仔要半點之久乃合。○羹舊薯仔用法。○取薯仔用凍水洗淨，倘若薯仔有壞用利刀批去皮，所有沙眼，并黑爛之處俱要刮淸若係無壞不宜批皮，連皮焓之更妙。○但焓之法，○將薯仔放落鑊用凍水僅浸過面凡薯仔兩磅則落鹽一茶羹撒落上面放鑊落火羹至或四個字，或半點鐘之久揚令其焓爲合。○試臉之法。○用鈚插入薯仔中心便知焓否。若臉之時隔淸鑊內之水，將鑊放於火爐邊，令薯仔身乾但薯仔乾身之時小心取出仔細剝皮，切勿整爛然後倒落熱菜兜載安從此櫃檯便合。

BOILED CAULIFLOWER.

TAKE a cauliflower and wash it well in two or three waters. Take a knife and cut off the end of the stalk and any withered outside leaves. Put it in a basin of cold water, with a dessertspoonful of salt, and let it stand for two or three minutes. Take a large saucepan full of water, and put it on the fire to boil. When the water is quite boiling put in a tablespoonful of salt. Take the cauliflower out of the salt and water, and place it in the saucepan with the flower downwards, and let it boil till it is quite tender for from fifteen to twenty minutes. Take it carefully out with a slice, and feel the centre of the flower with the finger to see that it is quite tender. After it is quite tender, take it out of the saucepan, and put it on a sieve to drain. For serving, place it on a hot vegetable dish.

製炙椰菜花法。

將椰菜花，用水洗兩三次，切去菜柄，又要剝去外便枯菜葉，然後取凍水一大碗，加鹽一飯羹，將椰菜花放下鹽水處，浸兩三分鐘之久。○用水一大鑊放在火氣滾，但滾之時，加鹽一大羹放入滾水處，將椰菜花取出，放下鑊要花間鑊底方合，一骨鐘，或四個字之久，篩啟起，以試花之心中臉否，但臉者，就放在篩內，待椰菜花水流清，然後放熟地，隨即攞檯便合。

ONIONS.

BOIL them twenty minutes and pour off the water entirely; then put in equal parts of hot water and milk, and boil them twenty minutes more. When they are done through, take them up, let them drain, and lay them into the dish. Put on butter, pepper and salt.

製蔥頭法。

將蔥頭煲四個字之久，倒清水，加熱水，與牛奶，各一半之多。○然後再煲四個字之久，煲到極臉為合。○將蔥頭臉，舀出，待蔥頭流乾水，用熱碟載好，則用牛油，並糊椒粉，及鹽些少，然後攞檯便合。

GOOD PLAIN PIE CRUST.

A LLOW one heaping handful of flour for a pie, and a tablespoonful of lard or butter for each handful.

製常用
之好麵
龜皮
法。每隻
○
麵粉落一
大撻落一
猪油
大羹或一
落牛油
亦得。

APPLE PIE.

L AY the apples, after paring and cutting into slices and coring, into a deep dish with an under-crust. Grate half a nutmeg over it. Add a few sticks of cinnamon, a few little bits of butter, and lastly, put on as much sugar as your judgment directs. Cover it and close the edge, so that the syrup will not escape. Bake from an hour and a half to two hours.

製平菓獨龜法。
將平菓批去皮切片除去心
放入深燒此燒之底宜先用
麵食皮在下將薑磨擦荳蔻
半個週圓酒落上面落桂皮
幾片及落牛油幾小嚺至後
加白糖隨用多少洒勻其上
用麵食皮蓋住黏貼燒邊亦
是如前法免至其汁流出方
合。○要局一點半鐘或兩點
鐘之久隨即糊㯩便可得矣。

SODA CAKE.

ONE pound flour, half a pound of butter, quarter of a pound of sugar, half a pound of currants, one and a half ounces of candied peel, two eggs, one teaspoonful of soda in a large cup of milk. Mix flour and butter well before adding other ingredients. Mix well for ten or fifteen minutes.

製梳啲餅法。
取麵粉一磅、牛油半磅、攪至極勻、然後落白糖一磅四份之一、朱葡提子半磅、及來路柑皮照英一兩半、并雞蛋兩隻、落牛奶一大架啡杯開梳啲粉一茶羮、加入牛奶處、總共攪到極勻、約兩個字鐘或三個字鐘之久、便合。

SODA CAKE.

RUB a quarter of a pound of butter into one pound of flour and a quarter of a pound of sugar. Mix a small teaspoonful of soda thoroughly with half a pint of milk, which must be cold. Mix all the ingredients well together, put the mixture into a tin, and bake directly from one and a half to two hours.

又梳啲餅法。
取牛油一磅四份之二、麵粉一磅、將之一、宜用凍牛奶牛油㨢入麵粉處落白糖一磅四份粉一小茶羮、放下一玻璃杯、落梳啲牛奶處、擦銘總共攪到極勻、倒落馬口鐵餅模處、即放入焗爐、焗點半鐘或兩點鐘之久、便可得矣。

HUNTING NUTS.

ONE pound of flour; half a pound of treacle; half a pound of brown sugar; six ounces of butter; and grated ginger.

Mix the above ingredients well together, make them into small nuts, and bake them on a baking tin for half an hour.

製細餅仔法。

用麵粉一磅,糖木半磅,式號白糖半磅,牛油照英六両,并薑些少,將薑用薑磨擦爛,然後整成粒燉大如核桃,擺落馬口鐵板處,即放入局爐局之宜,局半點鐘之久,取出,便可得矣。

CRULLERS.

A piece of butter the size of an egg, one cup of sugar, one nutmeg, three eggs. Make stiff with flour, and cut in fanciful shapes. Fry in boiling lard.

製狐㘈餅法。

取牛油之大用一隻雞蛋之大用糖一杯,及荳蔻一個,雞蛋三隻,落麵粉足以整結為度,然後裁成花樣,用滾豬油煎之便合。

ANOTHER RAISIN CAKE.

ONE cup of treacle, one of butter, one of milk, three of flour, two of chopped raisins, and one teaspoonful of soda. Spice to taste. Soften the butter, and beat it and the treacle together; then add milk, and then the flour in which the soda is mixed, and lastly the raisins. Bake in loaves in a moderate oven.

又乾葡提子餅法。

用糖水一杯牛油一杯牛奶一杯麵粉三杯乾葡提子兩杯此葡提子必要取出核琢到極幼加梳吖粉一茶匙落香料隨人中意落多少〇然後將牛油炙鎔些打到極浮則加糖水牛奶將梳吖粉撈入麵粉入內又打至極勻隨後落處攪至極勻滑然後將麵粉料加落乾葡提子做成飽餻尾落局爐宜用慢火局放落局爐便合。
務要局至熟便合。

DOWN EAST CAKE.

ONE tablespoonful of melted butter, one cup of milk, two of flour, three eggs, one teaspoonful of soda, two of cream of tartar. Bake in two loaves in a moderate oven about one hour.

製東餅法。

用鎔牛油一至大羹牛奶一杯麵粉兩杯雞蛋三隻梳吖粉一茶匙唥廉打吖粉兩茶匙總共攪到極勻滑然後分整兩個飽則放落局爐用慢火局一點鐘之久便合。

附录二：画中粤食记

街头店铺

肉菜铺　美国迪美博物馆藏

"颐寿堂"中药材铺　美国迪美博物馆藏

"两合号"家禽腊味档　广东省博物馆藏

"胜利号"京菓海味铺　香港上海汇丰银行藏

附录二：画中粤食记　　111

十三行同文街一景　香港艺术馆藏

室内宴饮

花园宴饮　奥地利国家图书馆藏

演奏　奥地利国家图书馆藏

演奏　奥地利国家图书馆藏

附录二：画中粤食记

通草水彩宴乐图　十三行博物馆藏

市井美食

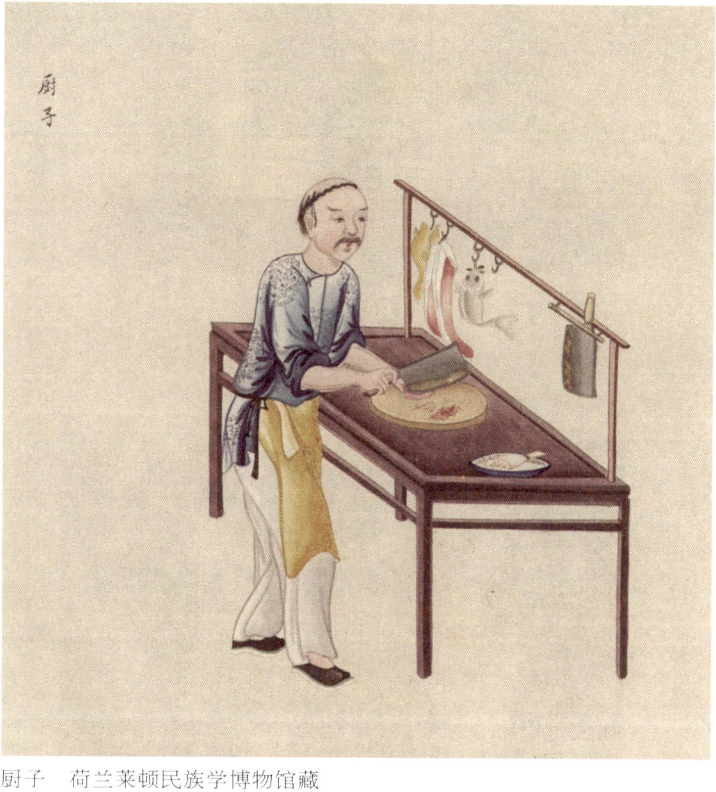

厨子　荷兰莱顿民族学博物馆藏

卖荔枝　荷兰莱顿民族学博物馆藏

卖风柚　荷兰莱顿民族学博物馆藏

附录二：画中粤食记　119

卖藕　荷兰莱顿民族学博物馆藏

卖西瓜　荷兰莱顿民族学博物馆藏

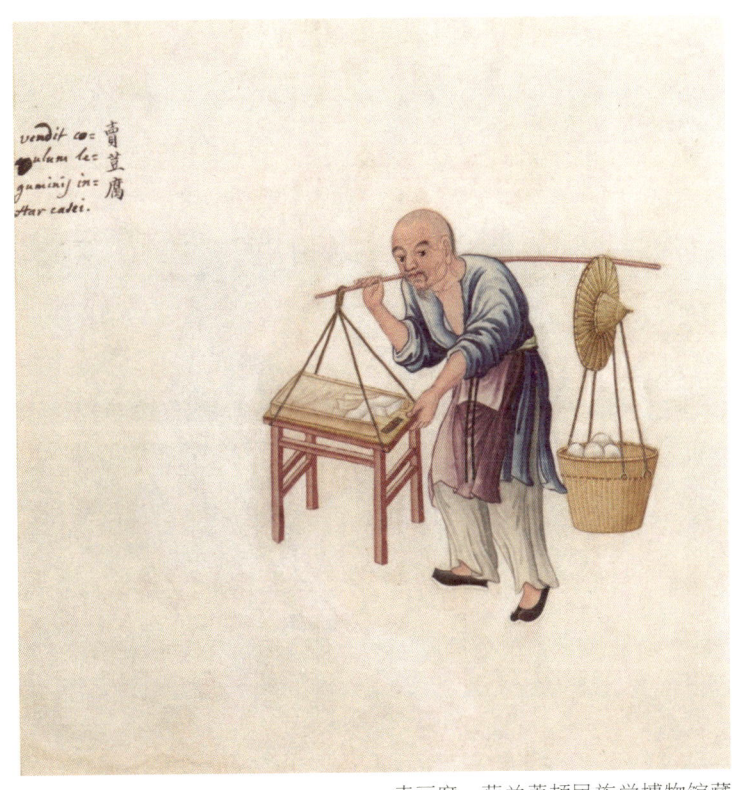

卖豆腐　荷兰莱顿民族学博物馆藏

卖（豆）腐花　荷兰莱顿民族学博物馆藏

卖猪肉　荷兰莱顿民族学博物馆藏

汤水　英国维多利亚与阿尔伯特博物馆藏

麻脐(糍) 英国维多利亚与阿尔伯特博物馆藏

卖馄饨　大英图书馆藏

薄饼　大英图书馆藏

卖羊肉　大英图书馆藏

附录二：画中粤食记

做"油炸鬼" 大英图书馆藏

卖瓜子　大英图书馆藏